广西全民阅读书系

"广西全民阅读书系"编委会

主　任　利来友

副主任　张艺兵　黎洪波　卢培钊

成　员　唐　勇　梁　志　石立民

　　　　岑　刚　白竹林　雷　鸣

　　　　刘项鹏　罗敏超

广西全民阅读书系

［美］理查德·费曼 著

李晓滢 译

物理定律的本性

中学版

广西出版传媒集团　　广西科学技术出版社

图书在版编目（CIP）数据

物理定律的本性 / （美）理查德·费曼著；李晓滢译. -- 南宁：广西科学技术出版社，2025.4. -- ISBN 978-7-5551-2484-9

Ⅰ.04

中国国家版本馆 CIP 数据核字第 2025 XH7048 号

WULI DINGLÜ DE BENXING
物理定律的本性

总 策 划　利来友

监　　制　黄敏娴　赖铭洪
责任编辑　秦慧聪
责任校对　苏深灿
装帧设计　李彦媛　黄妙婕　杨若媛　韦娇林
责任印制　陆　弟

出 版 人　岑　刚
出　　版　广西科学技术出版社
　　　　　广西南宁市东葛路 66 号　邮政编码　530023
发行电话　0771-5842790
印　　装　广西民族印刷包装集团有限公司
开　　本　710 mm×1030 mm　1/16
印　　张　11.75
字　　数　153 千字
版次印次　2025 年 4 月第 1 版　　2025 年 4 月第 1 次印刷
书　　号　ISBN 978-7-5551-2484-9
定　　价　29.80 元

如发现印装质量问题，影响阅读，请与出版社发行部门联系调换。

序

弗兰克·维尔切克

《物理定律的本性》是一本非常特别的书。虽然写于 1965 年，但它历久弥新。现在看来，费曼对科学主题的选择似乎颇具启发性，且他的见解也极为深刻。这本书绝不仅仅是一本对事实和思想进行阐述的书，它对费曼本人的性格也描绘得极为深刻。这位主人公的性格极其独特：费曼本人那活泼好奇的精神贯穿全文，他本质上的诚实与人性也渗透其中。

这也是一部文学作品，充满了令人难忘的语句。这里有一句我几十年来一直深受启发的话："我们需要的是想象力，但想象力需要受到严格的约束。"《物理定律的本性》系列讲座经常以视频的形式在大学校园里播放，成为有志于科学探索的年轻人与志同道合者交流的焦点。现场聆听费曼的演讲是一种美妙的体验，而现在，你通过互联网也能获得这种体验。与之不同的是，本书作为一个精练的资源，你可以反复阅读并消化吸收。你甚至可以在书上添加自己的批注——我强烈建议你这么做。

自 1965 年以来，物理学界发生了许多变化。尽管《物理定律的本性》仍然保持着惊人的魅力，但它也需要一些更新。我将提供一些补充内容。在开始之前，我要强调的是，这些特定的更新提升是随着时代的发展而完善的，而不是降低了这本书的价值。费曼设法找出物理学前沿中那些看似悬而未决且易于理解的重要问题。如你所见，他成功地做到

1

了这一点。

在第 112 页，费曼写道："因此我觉得有必要在物理定律之外加上一个假设，即从运行的合理性上讲，宇宙的过去比今天更加有序——我认为这是为了赋予不可逆性意义并使之得以理解所必需的额外陈述。"近年来，物理宇宙学已经发展成为一个丰富而复杂的科学领域，取得了许多令人印象深刻的可量化的成果。大爆炸宇宙学的大致轮廓已经不再存疑。因此，我们可以凭借深刻的洞察力评估费曼的"假设"，即宇宙在过去更为有序。根据现代物理宇宙学的理论，我们的宇宙从一个非常特殊、极其简单的起点演化而来。在大爆炸的初期阶段，宇宙中的物质处于极端高温下的热平衡状态，成分和密度几乎完全均匀。从那之后，宇宙不断膨胀和冷却。我们今天所看到的结构，从星系团到单个星系，再到恒星和行星，本质上都源自早期的近乎均匀物质分布中的微小密度涨落（约万分之一量级），这些扰动在引力不稳定性作用下持续放大。更具体地说，物质密度略高于平均值的区域比密度较低的区域能更有效地吸引周围的物质，从而进入一个密度自我强化的循环，直至凝聚成我们今天所看到的结构。

现在，一个几乎均匀、炽热的物质，其表面上的分布看起来与"有序"截然相反。因此，费曼对不可逆性的解释初看起来似乎站不住脚。然而，在深入考虑后，我们会发现他的猜测是合理的。关键在于，尽管物质在大爆炸初期处于最为无序的状态，接近于热平衡，但其引力却极不寻常地远离平衡态。由于引力倾向于使物质聚集在一起，因此这种近乎均匀的状态实际上远离了引力的平衡态。正如刚才所提到的，引力的不稳定性使得处于近乎完美均匀状态下的微小偏差逐渐变大。因此，大爆炸宇宙学中所隐含的引力有序形式不仅仅是在理论上的细微偏差，还在实际上成为我们宇宙中结构形成的深层根源。一旦我们承认这一点，就可以将费曼关于不可逆性起源的"假设"提升为既定事实。早期宇宙中存在着大量的（引力）有序，而这种有序状态的部分逐渐退化，即星系、恒星和行星的形成，几乎可以确定就是不可逆性的深层起源，正如费曼所提出的那样。

尽管费曼的直观论证并不十分严谨，但我发现它们很有说服力。当然，这一切都还没有解决为什么宇宙会从一个物质有序但引力"无序"（即远离平衡态）的状态源起的问题。但费曼对不可逆性起源的讨论精妙地框定了这一核心问题，并朝着答案迈出了重要的一步。在第148页，费曼写道："我们今天对中子和质子之间作用力的理解还不够，哪怕给了我充足的时间和强大的计算机，我也无法精确计算出碳核的能级，或者做出类似的计算。"现在我们已经可以做到了。我们有一个非常精确且经过充分验证的关于强相互作用力的理论，称为量子色动力学（quantum chromodynamics, QCD）。

量子色动力学使量子电动力学（quantum electrodynamics, QED）更加普遍，而量子电动力学正是费曼获得诺贝尔奖的工作基础（详见下文）。我喜欢将量子色动力学称为"加强版的量子电动力学"。量子电动力学讲述的是单个光子对电荷的响应，而量子色动力学则是关于八种胶子的传奇。这些胶子可以响应或转化三种不同的电荷，这些电荷被称为（相当不协调的）色荷。根据量子色动力学，质子、中子以及在高能加速器上发现的其他许多强相互作用粒子，都是由夸克和胶子构成的。夸克和胶子是理想的简单粒子，遵循优美的数学方程，而质子和中子（以及其他强相互作用粒子）则是复杂的复合体。基于强大的计算机，人们已经使用量子色动力学的方程计算出了最重要的强相互作用粒子的质量

（包括质子和中子）。现在，他们正在核物理学领域取得良好开端。

费曼及其部分子模型对量子色动力学的发现作出了重要贡献。在他职业生涯的最后十五年里，他将大部分时间都花在了发展这一理论上。但更多细节稍后再说。在第 150 页，费曼写道："如果我们采用量子力学、相对论，把所有命题都限制在定域中，加上几条默认的假设，最后就会得到矛盾的结果。我们在计算时会得到无穷大，而如果我们得到无穷大，又怎么能够说这与自然相符呢？"在这里，费曼又一次偏离了正轨。事实上，我们刚才讨论的理论——量子色动力学——以完全一致的方式融入了相对论、量子力学和局域性，并且描述了自然的运行方式。我们现在能理解，困扰许多量子场论（包括量子电动力学）的无穷大问题，是由于粒子之间的耦合在短距离内变得非渐进自由。但在其他理论中，包括量子色动力学，粒子之间的相互作用在短距离内会变弱，而不是变强，这是一种被称为"渐进自由"的性质。渐进自由理论不包含那些令费曼困扰的无穷大。

现在，我将添加一些简短的评论，这些评论虽然不算太大的更新，但在此处似乎很合适。在第 155 页，费曼写道："例如，引力的量子理论进展得很缓慢——说实话也不知道能不能算是进展。因为你们能够做的所有实验，都不能同时涉及量子力学和引力。"有人可能会对这个表述提出异议，毕竟天体物理学中到处都是与引力和量子力学均相关的情况，而且地球上的所有量子实验都是在地球引力场中进行的。当然，费曼想要表达的是，探测引力相互作用的量子效应，粗略地说，就是单个引力子的影响的实验是不切实际的。这仍然是事实。正如费曼所预料的那样，这个问题使得引力量子理论的进展变得困难和难以确定。

在第 98 页，费曼展示了一个小小的洞察之光，这是书中最为前沿的内容之一，值得仔细研究。它涉及对称性与守恒定律之间的联系，这是第四章"物理定律中的对称性"的高潮部分。对称性与守恒定律之间的联系被称为诺特定理，以艾米·诺特的名字命名，她在数学上推导出了这一定理。诺特的推导既简洁又精确，但其核心是抽象的代数运算。费曼用文字和一幅简单的示意图勾勒出了一个更简单、更直观的推导过程。他的论证算不上常规，且不够严谨，但它为物理学中的这个神秘内核带来了新的见解，值得进一步发展。

理查德·费曼（1918 年 5 月 11 日—1988 年 2 月 15 日）因其在量子电动力学领域的开创性工作，与朱利安·施温格和朝永振一郎共同获得了 1965 年的诺贝尔物理学奖。经典电动力学是 19 世纪物理学的伟大成就，其巅峰之作是詹姆斯·克拉克·麦克斯韦在 1864 年提出的场方程（麦克斯韦方程），以及海因里希·赫兹在 1887 年对这些方程的惊人推论——电磁波（无线电波）的实验验证。

经典电动力学取得了许多成就，但到世纪之交时，一些严重的问题逐渐浮现。对于未来发展来说，影响最大的是黑体辐射中所谓的"紫外灾难"。经典电动力学预测热体会发射比实际更多的短波辐射。对于一个理想辐射体（同时也是一个理想吸收体，因此被称为"黑体"），该理论预测辐射具有无限的能量。

为了解决这一难题，马克斯·普朗克和阿尔伯特·爱因斯坦提出了与经典观念截然不同的理论。他们提出光是以粒子状单位发射的，后来这些单位被命名为光子。在尼尔斯·玻尔、沃纳·海森堡和埃尔温·薛定谔等重要物理学家卓越贡献的基础上，保罗·狄拉克在 20 世纪 20 年代末将经典电动力学与量子观念完美结合。我们现在称这个理论为量子电动力学。

量子电动力学迅速解决了原子物理学中的许多问题，以至于到 1929 年，狄拉克宣称："构成大部分物理学和整个化学的数学理论所必需的基本物理定律已经完全为人所知。"狄拉克的断言经受住了时间的考验，但它还必须度过一场危机。尽管量子电动力学在过去的实践中取得了巨大成功，但其理论基础却显得摇摇欲坠。虽然其方程的近似解（从技术上讲，是在微扰理论的最低阶）与实验结果非常吻合，但是当人们试图获得更精确的解时，灾难降临了：答案是数学上的无穷大，或者充其量也是定义不明确的。这正是费曼在上面引文中提到的问题，他写道："我们在计算时会得到无穷大，而如果我们得到无穷大，又怎么能够说这与自然相符呢？"这个问题在理论物理学的前沿闷燃了十年之久。它激发了费曼在早期职业生涯中探索能避免无穷大的非正统方法。他与论文导师约翰·惠勒合作提出的一个巧妙提议是引入超前位势，允许未来对现在产生反作用。（然后，他们必须解释为什么这种逆因果性不那么明显！费曼和惠勒非常巧妙地做到了这一点。在这本书关于不可逆性的章节中，我们可以找到他们工作的回响。）

另一个成功的方法是将量子电动力学直接表述为粒子之间的相互作用，摒弃了连续场论的繁重机制。这种方法促使费曼提出了卡通般的"费曼图"来描绘基本过程，并采用了一套算法。基于这种算法，费曼能够轻松地只用几行文字就计算出物理过程的预测值，而传统方法则需要许多步烦琐的计算。尽管出发点看起来完全不同，但费曼发现自己有许多次总是能用更高的效率重现常规结果。很快，他就确信自己的技术是对狄拉克量子电动力学的有效重组，而不是一个新理论。这让他感到有些失望。

然而，重要的是，图解技术让人们能够解决量子电动力学中棘手的无穷大难题。概括来说，费曼的想法（称为"重整化理论"）是：如果我们正确地进行估算，只表达物理可观测量之间的关系，那么无穷大就不会出现。该理论最简便的表述包含许多无法精确测量的理想化对象。我们必须放弃理论能为这些对象的行为给出合理（即有限）预测的想法。但是，如果我们能专注于目标，只关注物理问题，那么（基于重整化理论）只会涉及有限的值。由于费曼的图解技术相对简单，因此人们能够应用到量子电动力学中。费曼本人轻松地做到了这一点，而弗里曼·戴森则证明了它的普遍性。因此，费曼和戴森使得在 QED 中算出更准确的答案成为可能。与此同时，战后精密光谱学和微波技术的发展使得对基本 QED 过程进行更准确的实验测量成为可能。作为物理学中的一项辉煌成就，理论与实验值在这里终于达成了一致。这一胜利一直持续至今：几十年后，量子电动力学仍然是物理学中最精确和准确的理论。

　　费曼对硬核基础物理学还作出了许多其他重大贡献。他与同事默里·盖尔曼共同提出的弱相互作用的 V–A 理论，是现代"标准模型"的重要基石。费曼尤其珍视这一理论，因为（在他看来）这是他职业生涯中唯一一次提出一种后来被观察到的新物理行为。

　　然而，大多数物理学家可能会对费曼发明的部分子模型（parton model）评价更高。在 20 世纪 60 年代末提出该模型时，夸克还只是一种用来组织相互作用粒子的粗糙且有些问题的概念，而胶子则是一个神秘的有趣名称。费曼凭借他在量子电动力学方面无与伦比的经验，分析了能够揭示质子和中子内部简单组成粒子存在和性质的实验——所谓的深度非弹性散射实验。事实证明，一些部分子可以被识别为夸克。而基于部分子模型概念对它们的行为进行深入分析，直接导致了现代量子色动力学的诞生。

费曼的"受到约束的想象力"引导他找到了阐述已知物理学的新方法。这些方法包括量子力学的路径积分表述、相互作用量子系统的影响泛函以及有序算符演算。路径积分在最初仅被视为稀奇的想法，但现在已成为现代理论物理学的核心。确切地说，它们是我们教计算机如何进行量子色动力学计算的方式。我预计，算符演算和影响泛函这些既巧妙又富有洞察力的原创想法虽然极其简单自然，但是也可能会蓬勃发展。

费曼在孩提时代就以修理收音机而闻名。他从未失去对直接参与物理现实和技术的热爱。在这些领域，他是一个有远见的人。他在1959年的餐后演讲《底部空间充足》中预言了纳米技术的到来，至今读起来仍饶有趣味。（该演讲可在互联网上免费获得，是对《物理定律的本性》的绝佳补充。）1982年，他勾勒出了"量子计算机"的可能性。这种计算机可以利用量子行为，以比现有计算机高效得多的方式进行计算。如今，纳米技术和量子计算都已成为充满活力的领域。

费曼因在挑战者号灾难调查委员会上的表现而成为公众人物，他用一杯冰水揭示了灾难的原因，即低温下失效的密封件（即在寒冷天气中）。费曼写了许多书，大多数书籍都是为研究人员撰写的，但也有一些旨在更广泛地传播知识，从引人入胜的个人轶事集到《量子电动力学：光与物质的奇异理论》。这本书则是他从头开始介绍量子电动力学的一次勇敢尝试。但我认为，你手中的这本《物理定律的本性》，是费曼在其鼎盛时期写下的通俗杰作，也是介绍现代物理学的最佳入门书籍。

前言

　　本书由七章组成，内容是基于美国康奈尔大学"梅森哲讲座"上的讲稿，面向希望大致了解"物理定律的本性"的学生群体。这些讲稿并非事先准备好的手稿，而是根据简略的笔记所作的即兴发言。

　　自 1924 年开始，康奈尔大学每年举办"梅森哲讲座"。这一传统源于数学系校友兼教授希拉姆·J.梅森哲的慷慨捐赠，旨在鼓励来自世界各地的杰出人士访问康奈尔大学并与学生们交流。设立讲座基金时，梅森哲明确指出，这笔资金"用于提供一门或多门关于文明演变的讲座课程，其特殊目的在于提升我们政治、商业和社会生活的道德标准"。

　　1964 年 11 月，著名的物理学家和教育家理查德·P.费曼教授受邀发表演讲。费曼教授曾任康奈尔大学教授，现在是加州理工学院的理论物理学教授。他最近当选了英国皇家学会外籍院士。费曼教授不仅因其对当代物理学定律能为人们理解所作的贡献而闻名，还因为能将物理学主题生动呈现给物理学家之外的人士而著称。

　　本书内容主要来自费曼教授的多次演讲。当时费曼教授在大讲台上毫无拘束地发表演讲，台下座无虚席。费曼教授作为讲师在国际上享有盛誉，演讲风格引人入胜、闻名遐迩。本书旨在为电视观众提供一份指南或记忆辅助读物，这些观众可能听过这些讲座，并希望拥有一份文字读物，可供他们随时参考。尽管本书也许不能被视为教科书，但如果学生希望把物理定律理解得更加透彻，那么他将会从书中的许多论点中获得启发。

理查德·费曼在英国广播公司第一频道（BBC-1）非常出名，他是菲利普·戴利制作的节目《物质核心的人》（Men at the Heart of Maffer）中的一位物理学家；1964 年的《奇异负三》（Strangeness minus three）是一档当时最受人关注的、关于近期科学发现的节目，费曼教授在这个节目中有非常出色的表现。

当得知费曼教授将在"梅森哲讲座"发表演讲时，英国广播公司科学与专题部对此产生了兴趣。该系列讲座作为继续教育计划的一部分，正在英国广播公司第二频道播出，并延续了一系列杰出人士的讲座风格，包括邦迪（Bondi）关于相对论的讲座、肯德鲁（Kendrew）关于分子生物学的讲座、莫里森（Morrison）关于量子力学的讲座以及波特（Porter）关于热力学的讲座等。

你们即将阅读的是这些讲座的文字记录稿。费曼教授已经对其科学性、准确性进行了审核。我的助手菲奥娜·霍尔姆斯和我将这些口头表述整理成了文字。我们希望这本书能够得到您的认可。与理查德·费曼合作是一次非常有益的经历，我们相信观众和读者将从这个项目中受益匪浅。

英国广播公司感谢康奈尔大学新闻处允许我们复制图版 2（即本书的图 1-6），并感谢加州理工学院允许我们复制第一章中所使用的其他照片和插图。

想要更深入地研究费曼教授著作的学生，应该会对康奈尔大学教务长在介绍词中提到的书籍感兴趣，那就是由加州理工学院出版的《费曼物理学讲义》（*The Feynman Lectures in Physics*）。

艾伦·斯利斯
英国广播公司实况广播制作人
1965 年 6 月

介绍词

康奈尔大学教务长戴勒·R.科尔森（Dale R. Corson）

为 1964 年度梅森哲讲座所作的介绍词

女士们、先生们，我非常荣幸地向大家介绍梅森哲讲座的演讲者——加州理工学院的理查德·P.费曼教授。费曼教授是一位杰出的理论物理学家，他从战后物理学领域的诸多发展中理出头绪，作出了巨大贡献。在他的众多荣誉和奖项中，我只需提及他在 1954 年获得的阿尔伯特·爱因斯坦奖就足够了。该奖项每三年颁发一次，包括一枚金质奖章和一笔可观的奖金。

费曼教授在麻省理工学院完成了本科学业，在普林斯顿大学完成了研究生学业。他曾在普林斯顿和洛斯阿拉莫斯参与曼哈顿计划。1944 年，他被任命为康奈尔大学的助理教授，而直到战争结束才正式到任就职。我想，看看他在获得康奈尔大学任命时人们的评价，可能会很有趣，所以我查阅了我们董事会的会议记录……结果完全没有关于他上任的记录。不过，记录中大约有 20 处提到了请假、加薪和晋升。其中有一条我特别感兴趣。1945 年 7 月 31 日，物理系主任致信文理学院院长，称"费曼博士是一位杰出的教师和研究者，像他这样的人才不常出现"。系主任建议："对于一位杰出的教职员工来说，年薪 3000 美元有点过低，并建议将费曼教授的年薪再增加 900 美元。"院长则表现出罕见的慷慨，完全不顾学校的偿付能力，把"900 美元"这几个字划掉，直接改成了"1000 美元"。由此可见，我们当时就对费曼教授评价很高！1945年底，费曼来到康奈尔大学定居，并在我们学院度过了硕果累累的五年时光。1950 年，他离开康奈尔大学去了加州理工学院，之后就一直留在那里。

在请他演讲之前，我想再向大家介绍一下他。三四年前，他开始在加州理工学院教授一门基础物理课程，这一举动使他的名声更上一层楼——他的讲义现已出版两卷，为物理学这门学科带来了耳目一新的教学方法。

我在加州理工学院的朋友们告诉我，费曼有时会光顾洛杉矶的夜间娱乐场所，客串鼓手的工作；但费曼教授告诉我，事实并非如此。他的另一项专长是破解保险箱密码。有传闻说他曾打开一家秘密机构里上了锁的保险箱，取出一份秘密文件，并留下一张纸条，上面写着"猜猜我是谁？"几个字。还有他去巴西做一系列讲座之前学习西班牙语的事情，但我不想说了。

我想，这些背景信息已经足够了，那么请允许我说，非常高兴能欢迎费曼教授再次回到康奈尔大学。这个系列讲座的主题是"物理定律的本性"，今晚演讲的题目是"引力定律——物理定律的一个例子"。

目 录

第 1 章

引力定律

——物理定律的一个例子

在那些邀请我敲打邦戈鼓的正式场合——虽然不常见，主持人似乎从来都不觉得有必要提到我还从事理论物理学研究，这非常奇怪。我想，这大概是因为我们更尊重艺术而非科学。文艺复兴时期的艺术家们说，人的主要关注点应该是人本身，但世界上还有其他有趣的事情。即便是艺术家，他们也会欣赏日落、海浪和星辰在天际的流转，因此有时谈论其他事情也是有一定道理的。当我们观察这些事物时，会直接从观察中获得美感。此外，自然现象之间还存在一种节奏和模式，这种节奏和模式不是肉眼可见的，而是需要通过分析才能发现的，我们称这些节奏和模式为"物理定律"。在这一系列讲座中，我想讨论的是这些物理定律的一般特征；如果你愿意的话，也可以认为这是比定律本身更高层次的普遍性。实际上，我所考虑的是通过详细分析所揭示的自然规律，但我想讲述的只是自然界最完整、最全面的特性。

这样一个话题往往容易变得过于哲学化，因为它非常宽泛，人们谈论的内容也非常宽泛，所以每个人都能理解。这时，这个话题就会被认为是某种深奥的哲学。我希望能够讲述得更加具体一些，并且希望能以一种切实而不是含糊的方式为大家所理解。因此，在这次讲座中，我不仅给出一些宽泛的内容，还尝试给出一个物理定律的例子，这样你们在我泛泛而谈时大脑中能有一个具体实例。这样，我就可以一次又一次地引用这个例子，为一些原本过于抽象的内容提供一个实例，或许能使其变得易于理解。我选择引力理论，即引力现象，作为解释物理定律的一个专用例子。为什么选择引力，我自己也不清楚。实际上，引力理论是人们发现的首批伟大定律中的一个，并且有着一段有趣的历史。你们可能会说："是的，但那是老生常谈了，我想听听更现代的科学。"也许更时新一些的东西并非代表着更现代。现代科学完全遵循着引力定律发现的同一传统而建立，我们只是在谈论近期的发现。和你们讲述关于引力定律的事情，我一点也不觉得不妥，因为在描述它的历史和方法、它的发现过程以及它的品质时，我就是从现代的角度来谈的。

引力定律被称为"人类智慧最伟大的结晶"，而从我的开场白中，你们可能已经猜到，我感兴趣的并非人类思维，而是大自然竟能遵循如此优雅、简单的定律，比如引力定律。因此，我们的主要关注点不在于我们有多聪明，能够发现这一切，而在于大自然有多绝妙，能够遵循这一定律。

引力定律是指两个物体之间会相互施加一个力，这个力与它们之间距离的平方成反比，与它们两者质量的乘积成正比。在数学上，我们可以将这个伟大的定律用以下公式来表示：

$$F = G\frac{mm'}{r^2}$$

根据这一公式，力的大小等于某个常数乘以两者质量的乘积，再除以距离的平方。现在，如果我再加上一个备注：物体会因受力而加速，或者时刻改变其速度，改变的程度与其质量成反比，或者说，如果质量较低，则速度改变得更多，与质量成反比。那么，我就已经说完了关于引力定律需要说的一切。除此之外的一切，都是这两点的数学推论。我知道，在场的各位并不都是数学家，无法立即看出这两条备注代表的所有推论，所以我在这里想做的，就是简要地告诉你们关于这个定律的故事，它的一些推论是什么，这个引力定律的发现对科学史产生了什么影响，这样一个定律包含了什么样的奥秘，爱因斯坦对此进行了哪些改进，以及它与其他物理定律之间可能存在的关系。

简而言之，事情的发展是这样的。古人早已观测了多个行星在天空中移动的方式并得出结论，即它们以及地球本身都在绕着太阳转。

在人们遗忘了这一发现之后，哥白尼又独立地继续观察研究它。接下来要研究的问题是：行星到底是如何绕着太阳转的，也就是说，是以什么样的方式运动？它们在做以太阳为圆心的圆周运动吗，还是其他某种曲线运动？它们运动的速度有多快？如此等等。人们花了很长的时间才有了发现。在哥白尼之后的时代，人们就行星是否确实与地球一起绕着太阳转，或者地球是否宇宙的中心等问题展开了激烈的争论。然后，一个叫第谷·布拉赫[1]的人想出了一种回答这个问题的方法。他认为，可以仔细地观察并记录行星在天空中出现的确切位置，这样或许就能区分不同的理论。这是现代科学的关键，也是真正理解自然界的开始——这个观点就是观察事物、记录细节，并从所获得的信息中找出解释各种理论的线索。所以，第谷这位在哥本哈根附近拥有一座岛屿的富人，在他的岛屿上装备了巨大的铜圈，并找到最佳的观测点，连夜记录了多个行星的位置。只有通过这样的艰苦工作，我们才能发现世上事物的规律。

当所有这些数据被收集起来后，便传到了开普勒[2]的手中，他开始试图使用试错法分析行星是如何绕着太阳运动的。在某个阶段，他以为自己已经找到了答案——他计算出行星都是绕着偏离中心点的太阳做圆周运动的。然后开普勒注意到，有一颗行星（我记得是火星）偏离了8弧分，他断定这个偏差太大了，不可能是第谷·布拉赫的观测误差，因此这个答案不正确。因此，为了确保实验的精确性，他进行了另一次尝试，并最终发现了三件事情。

首先，他发现行星是绕着太阳并沿着以太阳为一个焦点的椭圆轨

---

[1] 第谷·布拉赫（Tycho Brahe），1546—1601，丹麦天文学家。

[2] 约翰尼斯·开普勒（Johhannes Kepler），1571—1630，德国天文学家、数学家，他曾是第谷·布拉赫的助手。

道运动的。椭圆是所有艺术家都知道的一种曲线，它是压扁了的圆。孩子们也知道这一点，因为有人曾告诉他们，如果你把一枚戒指套在一根两端固定的绳子上，然后把一支铅笔穿过戒指，就能画出一个椭圆（图1-1）。

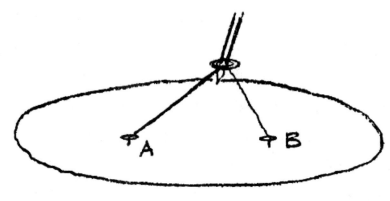

图 1-1

A和B两点是焦点。行星绕太阳运动的轨道是一个椭圆，太阳位于其中一个焦点上。下一个问题是：行星在绕椭圆轨道运动时，它是如何运动的呢？当行星离太阳较近时，它的运动速度会更快吗？当行星离太阳较远时，它的运动速度会更慢吗？开普勒也找到了这些问题的答案。

开普勒发现，如果你在某一确定的时间间隔（比如三周）内，标出行星在两个不同时间的位置，然后在轨道上的另一边再标出行星另外两个相隔三周的位置，并画出太阳到行星不同位置间的连线（技术上称为径向矢量），那么行星轨道内由这两条线和行星相隔三周的两个位置所围成的面积，在轨道的任何部分都是相同的（图1-2）。因此，为了使这一面积完全相同，行星在离太阳较近时必须移动得更快，在离太阳较远时必须移动得更慢。

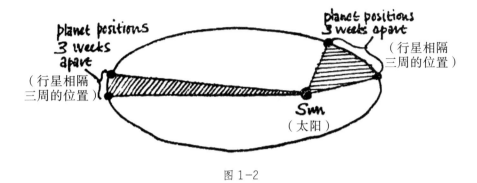

图 1-2

几年后，开普勒发现了第三条定律，它不仅涉及单个行星围绕太阳的运动，而且还将各个行星相互联系起来。它指出，行星绕太阳转一圈所需的时间与轨道的大小有关，所需时间的长短随轨道大小的立方的平方根而变化，这里的轨道大小是指椭圆上最大距离的直径。

开普勒提出的这三条定律，简而言之就是：轨道是椭圆形的，相等的时间行星扫过的面积相等，绕一圈的时间随轨道大小的 3/2 次方（即轨道大小的立方的平方根）而变化。开普勒的这三条定律完整地解释了行星绕太阳运动的规律。

接下来的问题是：是什么让行星绕着太阳转？在开普勒的时代，有些人的回答是：行星后面有天使拍打着翅膀，推动它们沿着轨道运动。你会发现，这个答案并不完全偏离真相。唯一的区别是，这些"天使"坐在不同的方向上，它们的翅膀是向内扇动的。

与此同时，伽利略正在研究地球上普通物体的运动规律，且在研究这些规律时进行了一系列实验。在观察球如何在斜面上滚动、钟摆如何摆动等之后，伽利略发现了一个重要的原理，即惯性原理：如果一个物体没有受到任何外力作用，并且以一定的速度沿直线运动，那么它将永远以相同的速度沿同一直线运动。对于任何尝试过让球永远滚动的人来说，这听起来可能让人难以置信。但如果这种理想化的情况存在，并且没有受到地板摩擦力等因素的影响，那么球将以均匀的速度永远滚动下去。

接下来，牛顿提出了这样一个问题："当物体不沿直线运动时，发生了什么？"他给出的答案是：有某种力改变了物体的速度。例如，如果你朝物体运动的方向推一个球，它会加速；如果你发现球改变了方向，那么力一定是作用在侧面上。力的大小可以通过两个值的乘积来衡量。在很短的时间内速度的改变量就是加速度。当加速度乘以一个叫作物体质量的系数，即它的惯性系数时，两者的乘积就是力的值。这个力是可以测量的。例如，如果你把一块石头绑在一根绳子的末端，然后在头顶上方绕着圈甩动起来，你会发现你需要用力拉住绳子。原因是，虽然石头在圆周运动中的速度没有改变，但它的方向始终在改变，因此必须有一个持续的向心拉力，且这个拉力与石头的质量成正比。如果我们取两个不同的物体，以相同的速度在头上先甩动一个，然后甩动另一个，并测量甩动这两个物体所需的力，那么我们会发现第二个力会比第一个力大，且这个比例与它们的质量差异成正比。这是通过测量改变物体速度所需的力来测量其质量的一种方法。牛顿从这个例子中意识到相关定律。举一个简单的例子，如果一个行星绕太阳做圆周运动，那么不需要任何力来使它沿切线方向（即侧向）运动；如果没有受到任何外力，它将一直保持匀速直线运动。但实际上，行星并不会保持匀速直线运动，它并没有按照没有受力的情况下的轨迹运动，而是逐渐靠近太阳（图1–3）。换句话说，它的速度、运动已偏向了太阳。因此，那些"天使"需要一直朝着太阳的方向拍打翅膀。

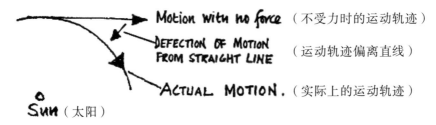

图 1-3

但是，使行星保持直线运动的原因尚不清楚。至今仍未发现物体为何能永远保持匀速直线运动。惯性定律的起源也未知。虽然"天使"并不存在，但运动的持续性是存在的。然而，为了实现下落运动，我们确实需要一种力。显然，这种力的来源是指向太阳的。事实上，牛顿能够证明行星矢径在相等时间内扫过的面积相等的规律，是以下简单观点的直接结果：即使在椭圆轨道的情况下，所有速度的变化都精确地指向太阳。在下一讲中，我将详细地向你们展示这是如何运行的。

根据这一定律，牛顿证实了力是指向太阳的。通过了解不同行星绕太阳公转的周期如何随着它们与太阳的距离变化而变化，就可以确定这种力在不同距离上是如何减弱的。他能够确定这种力与距离的平方成反比。

到这里为止，牛顿还没有提出任何新的观点，因为他只是用不同的方式阐述了开普勒的两个观点。其中一个观点与"力指向太阳"的说法完全相同，另一个观点和"力与距离的平方成反比"的说法完全相同。

但是，人们已经通过望远镜观察到木星的卫星绕着木星运行，看起来就像一个小型的太阳系，仿佛卫星被木星所吸引。月亮被地球吸引绕地球运行，也是以同样的方式。这看起来好像一切物体都在被其

9

他物体吸引，因此将这一观点推广，则每个物体都会彼此吸引。如果真是这样，那么地球必须吸引月亮，就像太阳吸引行星一样。然而，我们已经知道地球在吸引物体——尽管你们都有飘浮到空中的愿望，但仍然稳稳地坐在座位上。地球对物体的吸引力就是众所周知的重力，牛顿的想法是，也许使月亮保持在轨道上的引力和使物体被地球吸引的引力是同一个。

很容易计算出月亮在一秒内向地球下落的距离，因为已知轨道的大小和月亮绕地球转一圈需要一个月的时间。如果你计算出月亮在1秒内移动的距离，那么就可以计算出月亮沿着它的圆周轨道运行相对于继续沿着直线运行下落了多远。这个距离是 1/20 英寸 [①]。月亮距离地球中心的距离是我们距离地球中心距离的 60 倍；我们距离地球中心 4000 英里 [②]，而月亮距离地球中心 240000 英里。因此，如果平方反比定律是正确的，那么地球表面的物体在一秒内应该下落的距离是 1/20 英寸乘以 3600（60 的平方）。因为在到达月亮的过程中，力已经根据平方反比定律减弱到 60 乘以 60 分之一。1/20 英寸乘以 3600 大约是 16 英尺 [③]，而根据伽利略的测量结果，人们已经知道地球表面的物体在一秒内下落的距离是 16 英尺。因此，这意味着牛顿的思路是正确的，这个推论已经将两个之前完全独立的客观事实——月亮绕地球的公转周期和它与地球的距离，以及地球表面物体在一秒内下落的距离——完全联系在一起。这是一个有力的证明，表明一切都没有问题。

此外，牛顿还有很多其他的预测。他能够计算出如果力满足平

---

① 1 英寸 ≈ 2.54 厘米。

② 1 英里 ≈ 1609.344 米。

③ 1 英尺 ≈ 0.3048 米。

方反比定律，那么轨道的形状应该是什么样的，并且他发现轨道确实是一个椭圆——这可以说是"一举两得"。此外，许多新的现象也有了明确的解释。其中之一就是潮汐现象。潮汐是由于月亮对地球及其水域的引力作用而产生的。虽然以前也有人想过这一点，但有一个难题：如果潮汐由月亮对水的引力作用产生，使得面向月亮一侧的水位升高，那么在每天应该只会有一次潮汐，但实际上我们知道，大约每12小时就会有一次潮汐，也就是每天有两次潮汐。还有另一派人得出了不同的结论。他们的理论是，地球被月亮拉离水面。牛顿实际上是第一个意识到潮汐中发生了什么事的人。他意识到，月亮对地球和水的引力在相同距离上是相同的，y 处的水离月亮更近，而 x 处的水比刚性的地球离月亮更远。y 处的水受月亮的拉力更强，而 x 处的水受月亮的拉力比地球更弱，所以这两个场景的结合产生了一天两次的潮汐（图 1-4）。实际上，地球和月亮一样也在进行圆周运动。月亮与地球间的引力是平衡的，但这是如何做到的呢？事实上，就像月亮做圆周运动以平衡地球的引力一样，地球也在做圆周运动，其中心位于地球内部的某个地方。地球也在通过圆周运动以平衡月亮的引力。它们两个围绕一个共同的中心旋转，所以地球的受力是平衡的，但 x 处的水受月亮的拉力更弱，y 处的水受月亮的拉力更强，所以在两侧都会形成凸起。无论如何，潮汐现象以及每天有两次潮汐的事实都得到了解释。还有许多其他事情也变得清楚了：为什么地球是圆的，因为一切都被拉向中心；为什么它又不是完全圆的，因为它在自转，外部被稍微甩出了一点，达到了平衡；为什么太阳和月亮是圆的；等等。

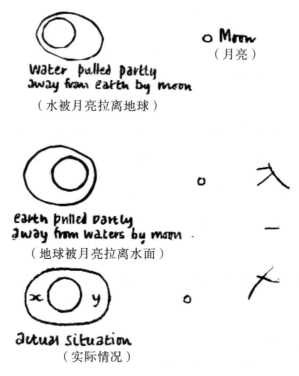

（水被月亮拉离地球）

（月亮）

（地球被月亮拉离水面）

（实际情况）

图 1-4

随着科学技术的发展和测量精度的提高，对牛顿定律的检验也变得更加严格。最初受到严格检验的就是木星的卫星。通过长时间准确观测它们绕行的轨迹，人们发现观测结果与牛顿的理论并非完全契合。木星的卫星有时会比根据牛顿定律计算出的时间提前 8 分钟出现，有时会延迟 8 分钟。人们注意到，当木星靠近地球时，卫星会提前到达；而当木星远离地球时，卫星会迟到。这是一种相当奇怪的现象。罗默先生[1]对万有引力定律充满信心，他得出了一个有趣的结论：光从木星的卫星传播到地球需要一定的时间，我们看到的卫星并不是它们现在的样子，而是光传播到这里之前的样子。当木星离我们较近时，光传播的时间较短；而当木星离我们较远时，光传播的时间较

[1] 指奥勒·罗默（Ole Romer），1644—1710，丹麦天文学家。

长。因此，罗默必须根据时间差异以及卫星提前或迟到的情况来修正观测结果。通过这种方式，他能够确定光的速度。这是第一次证明光不是一种能瞬时传播的物质。

我之所以特别提到这件事，是因为它说明了当一个定律正确时，我们可以用它来发现另一个定律。如果我们对某个定律有信心，那么当某个现象看似出错时，它可能会向我们揭示另一种现象的存在。如果我们不知道万有引力定律，那么我们算出光速的时间将会晚得多，因为我们不会知道木星的卫星会有什么样的表现。这个过程已经发展成为一系列密集的发现，每一个新的发现都为更多的发现提供了工具。这就是已经持续了400年的连续发现过程的开始，我们现在仍然高速地进行着一系列密集的发现过程。

另一个问题出现了——行星实际上不应该沿着椭圆轨道运行，因为根据牛顿定律，它们不仅受到太阳的引力作用，还会相互产生微小的引力作用——虽然很小，但这个微小的力确实存在，并且会稍微改变行星的运动轨迹。当时已知的大行星有木星、土星和天王星，人们根据这些行星之间相互的引力作用，计算出它们相对于开普勒的完美椭圆轨道在理论上的偏差。在计算和观测结束时，即在1644年至1710年间，丹麦天文学家注意到木星和土星的运动与计算结果相符，但天王星的行为却有些古怪。这再次让牛顿定律显得不够完善。但请鼓起勇气！亚当斯[1] 和勒维耶[2] 这两位科学家几乎同时且独立地进行了这些计算，他们提出天王星的运动异常是由于一颗尚未被发现的行星引起的，并写信给各自的天文台，告诉他们："把望远镜转向那里，你们会发现一颗行星。"其中一个天文台的人说："这太荒谬了，一个

---

[1] 约翰·库奇·亚当斯（John Couch Adams），1819—1892，英国数学家、天文学家。
[2] 奥本·勒维耶（Urbain Leverrie），1811—1877，法国天文学家。

成天只摆弄着纸和笔的人居然要告诉我们去哪里找新的行星。"另一个天文台则听从了信件中的建议，并就此找到了海王星！

特别是最近，在20世纪初，人们发现水星的运动轨迹并不完全准确，这引起了很大的困扰。直到爱因斯坦证明牛顿的各种定律存在小小的问题并必须加以修正，这个问题才得到解释。

问题是，这个定律的适用范围有多广？它适用于太阳系之外吗？因此，我在图1-5[①]上展示了证据，证明万有引力定律的适用范围比太阳系更广。这里有三张拍摄了双星的照片。幸运的是，照片中还有第三颗星，所以你可以看到它们确实在旋转，而不只是把照片框旋转了一下，这在观察天文照片时常会发生。这些星星确确实实在旋转，你可以在图1-7上看到它们形成的轨道。很明显，它们相互吸引，并按照预期的方式沿着椭圆轨道旋转。这些是它们在不同时间顺时针旋转时所在的一系列位置。如果你还没有注意到某个细节的话，你会很高兴，但你会发现轨道的中心并不是椭圆的焦点，而是偏离了很多。所以定律出了问题？不，上帝并没有把这个轨道的正面呈现在我们面前——它以一个古怪的角度倾斜着。那么，更远的距离呢？这种力存在于两颗恒星之间；它的作用范围是否超过了太阳系直径的2到3倍？在图1-6中展示的是一个直径比太阳系大10万倍的物体；这是一个由无数恒星组成的巨大星团。这个大的白色斑点并不是一个实心的白点；它之所以看起来如此，是因为仪器的分辨率不足以将其分解。实际上它是由许多非常小的光点组成的，就像其他恒星一样，彼此之间相隔甚远，互不碰撞，每一颗恒星都在这个巨大的球状星团中来回穿梭。这是天空中最美丽的景象之一；它如同海浪和日落一样美丽。

---

① 在不同时间对同一个双恒星系统拍摄的三张照片。

这些物质的分布非常清晰。将这个星系凝聚在一起的力量正是恒星之间的引力。物质的分布和距离的观念，使人们能够大致了解恒星之间的作用力定律……当然，结果大致符合平方反比定律。不过，这些计算和测量的精确度远不及太阳系内的研究。

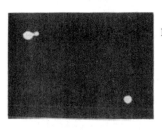

1908年7月21日

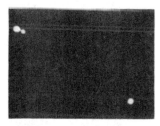

1915年9月

1920年7月10日

图 1-5

图 1-6

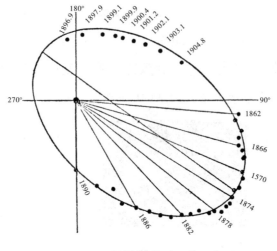

图 1-7

继续这个话题，引力的适用范围仍然更广。在图 1-8 中展示的一个典型星系里，那个星团只是大星系内部的一个小小针点，但很明显，这个星系也是由某种力量凝聚在一起的，而这种力量唯一合理的解释就是引力。当达到这个规模时，我们无法验证平方反比定律的适用性；但似乎毫无疑问的是，在巨大的恒星聚集体中，引力甚至能延伸到那些空间跨度为 5 万到 10 万光年的星系，而地球到太阳的距离只有 8 光分。在图 1-9 中，有证据表明引力的适用范围能够更广。这就是所谓的星系团。它们都在一个类似于星团的整体中，就是图 1-8 展示的巨大的聚集星系。

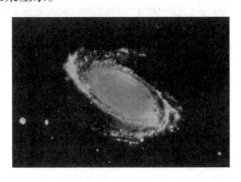

图 1-8

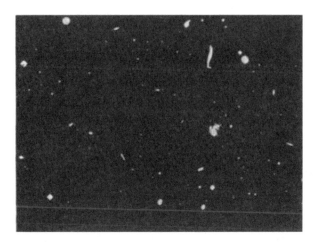

图 1-9

经证实，引力作用范围能延伸到的距离大约是宇宙大小的 1/10，甚至 1/100。因此，尽管你可能在报纸上读到有物体超出了引力的作用范围，但实际上地球的引力是没有边界的。它随着距离的平方成反比地变得越来越弱，每当你远离两倍的距离时，它就会减弱到原来的四分之一，直至湮没在其他恒星强大的引力场中。地球与其附近的恒星一起，拉动其他恒星形成星系，然后它们再一起拉动其他星系，形成了新的模式，即星系团。因此，地球的引力场永远不会终结，而是按照精确而严谨的规律非常缓慢地减弱，可能一直到宇宙的边缘。

万有引力定律与其他许多定律是不同的。显然，它在宇宙的运转机制中非常重要。在宇宙范围内，万有引力定律有许多实际应用。但不同寻常的是，与其他物理定律相比，万有引力定律的实际应用相对较少。我举了一个不寻常的例子。顺便说一句，想要挑选出一个在某种意义上不寻常的例子是不可能的。这就是世界的奇妙之处。我能想到的对该定律的应用是在地球物理勘探、潮汐预测，以及如今更现代的应用方面，如计算我们发射的卫星和行星探测器的运动等。最后，另一种现代的应用是通过计算预测行星位置，这对于在杂志上发布星座运势预测的占星家来说非常有用。我们生活的世界真是奇怪——所有新的理解都只是用来延续已经存在了 2000 年的荒谬之事。

我必须指出，引力在宇宙行为中确实在某些重要领域发挥作用，其中一个有趣的领域是新恒星的形成。图 1-10 是我们银河系内的一个气体星云。它不是由多颗恒星组成，而是由气体组成的。黑色的斑点是气体被压缩或相互吸引的地方。这一过程可能从某种冲击波开始，随后引力使气体越来越紧密地汇聚在一起，以至于大量的气体和尘埃聚集起来形成球体；当它们继续下落时，下落产生的热量使它们发光，从而成为恒星。

图 1-10

在图 1-11 中，我们可以看到一些关于新恒星诞生的证据。当大量气体因引力而高度聚集时，就会诞生恒星。恒星在爆炸时有可能会喷出尘埃和气体，这些尘埃和气体再次聚集起来，便会形成新的恒星——这听起来就像永动机。

1947年

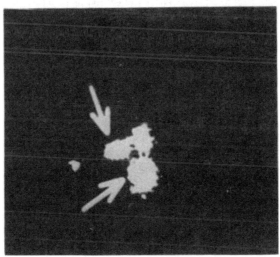

1954年

图 1-11

　　我已经说明了引力可以延伸到很远的距离，但牛顿说万物都相互
吸引。两个物体真的在相互吸引吗？我们能否直接进行测试，而不只
是等着看行星是否在相互吸引？卡文迪许 [1] 利用图 1-12 所示的设备进
行了直观的测试。这个测试是用一根非常细的石英纤维悬挂一根带有

---

[1] 亨利·卡文迪许（Henry Cavendish），1731–1810，英国物理学家、化学家。

两个球的杆，然后在它旁边的指定位置放置两个大铅球。由于球之间的引力作用，纤维会发生轻微的扭转，而普通物体之间的引力确实非常小。由此，可以通过扭转力矩测量出两个球之间的作用力。卡文迪许称他的实验为"称量地球"。在当今刻板而严谨的教学环境中，我们不会允许学生这么形容，而是必须说"测量地球的质量"。通过直观的实验，卡文迪许能够测量出作用力、两个球的质量和距离，从而确定引力常数 G。你可能会说："是的，但我们在这里也面临着同样的情况。我们知道拉力是多少，知道被拉物体的质量是多少，也知道距离有多远，但我们既不知道地球的质量，也不知道引力常数，只知道它们的组合。"通过测量引力常数，并结合对地球引力的了解，就可以确定地球的质量。

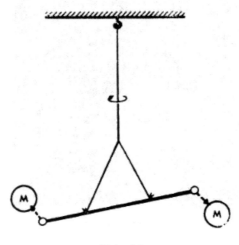

图 1-12

这个实验首次间接地确定了我们所在的地球的质量。这一发现是一项惊人的成就，我认为这就是卡文迪许将他的实验命名为"称量地球"，而不是"确定引力方程中的常数"的原因。顺便提一下，他同时也在称量太阳和其他所有物体的质量，因为可以用同样的方法来了解太阳的引力。

关于引力的另一个测试非常有趣，那就是检验引力是否完全与质量成正比。如果引力完全与质量成正比，那对于力的反应，即由力引起的运动速度的变化与质量成反比。这意味着在引力场中两个不同质量的物体会以相同的方式改变它们的速度；而在真空中，无论质量如何，两个不同的物体都会以相同的方式落向地球。这就是伽利略在比萨斜塔所做的古老实验。例如，这意味着在人造卫星中，内部的物体将与外部的物体以相同的轨道绕地球运行，看起来就像在中间飘浮了。力完全与质量成正比，而力的作用与质量成反比，这一事实产生了非常有趣的结果。

它有多准确呢？1909 年，一位名叫厄缶①的人做了一项实验来验证，而最近狄克②又进行了更加精确的实验，精确度已达到十亿分之一。这些力完全与质量成正比。怎么可能有这么高的精确度呢？假设你想测量太阳引力是否也符合这一规律。你知道太阳在吸引我们所有人，同时也在吸引着地球，你想要知道这种引力是否完全与惯性成正比。验证实验最初是用檀香木做的，后来也使用了铅和铜，现在则使用聚乙烯。地球绕着太阳转，所以物体因惯性被甩出，甩出的程度取决于两个物体的惯性。但根据引力定律，它们又因具有的质量而被太阳吸引。因此，如果它们被太阳吸引的程度与因惯性被甩出的程度不成正比，那么一个物体会被拉向太阳，另一个则会被拉离太阳。如果将它们挂在另一根卡文迪许装置的石英纤维上的杆的两端，这根杆就会向太阳方向扭转。但事实上它并没有在这个精确度下发生扭转，所以我们知道太阳对这两个物体的引力与离心力效应（即惯性）完全成正比，由此得出物体所受的引力与其惯性系数（即质量）完全成正比

---

① 厄缶（Baron Roland Von Eötvös），1848—1919，匈牙利物理学家。
② 罗伯特·亨利·狄克（Robert Henny Dicke），美国物理学家。

的结论。

有一点特别有趣。在电学定律中，平方反比定律再次出现。电力也与距离的平方成反比变化，但这次是电荷之间的作用力。人们可能会认为与距离的平方成反比具有某种深刻的含义，但从来没有人将电力和引力视为同一事物的不同方面。如今，我们的物理理论、物理定律由许多不同的部分和碎片拼成，相互之间并不能很好地契合。我们没有一个统一的推导理论体系，只有几个还不太能完全契合的分散理论。这就是为什么在这些讲座中，我无法告诉你们物理定律是什么，而只能谈论这些定律之间的共同点——我们并不理解它们之间的联系。很奇怪的是，它们之间确实有一些相同之处。现在让我们再来看看电学定律。

电力与距离的平方成反比，值得注意的是，电力和引力的强度之间存在着巨大的差异。那些想要将电力和引力视为来源于同一事物的人会发现，电力的强度远远超过引力，因此，很难相信它们的起源相同。我怎么能说一个事物比另一个事物更强呢？这取决于你拥有的电荷量和质量。你不能光说"我拿一个这么大的物体"来谈论引力的强度，因为是你选择了这个物体的大小。如果我们想找到自然界产生的东西——自然界自己的与我们自己的尺度（如英寸、年等）无关的基准值——我们可以这样来讨论。如果我们取一个基本粒子，比如电子——任何一个不同的粒子都会有不同的值，但为了给出一个概念，我们就假设是电子吧——两个电子是两个基本粒子，它们之间由于电力而相互排斥，排斥力与距离的平方成反比，同时它们之间由于引力而相互吸引，吸引力也与距离的平方成反比。

问题是，引力与电力的比率等于多少？图 1-13 对此进行了说明。引力吸引与电力排斥的比率是一个后面跟着 42 位数字的数值。现在这里存在一个非常深奥的谜团。这如此巨大的数字是从哪里来的呢？如果曾经有一个理论，认为这两者都来源于此，那么它们为何会以如此悬殊的方式出现呢？哪个方程的解能够解释这两种力（一种为引力，一种为电力）之间为何以大得惊人的比率存在着吸引和排斥呢？

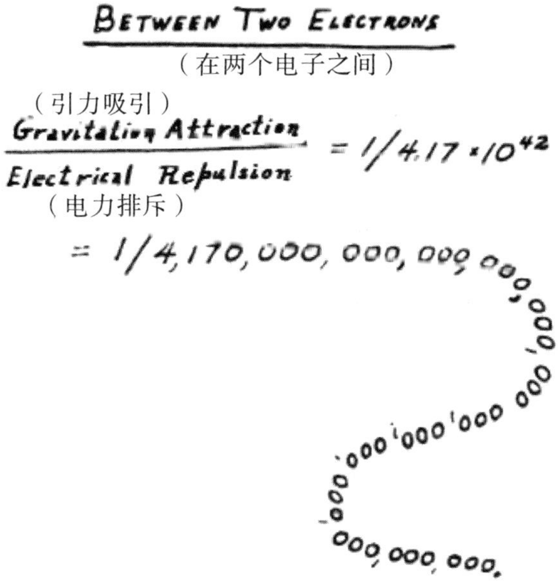

$$\text{BETWEEN TWO ELECTRONS}$$
（在两个电子之间）

（引力吸引）
$$\frac{\text{Gravitation Attraction}}{\text{Electrical Repulsion}} = 1/4.17 \times 10^{42}$$
（电力排斥）

$$= 1/4,170,000,000,000,000,000,000,000,000,000,000,000,000,000,000,$$

图 1-13

人们曾在其他地方见过如此巨大的比率。例如，他们希望存在另一个巨大的数字，而如果你想要一个巨大的数字，为什么不取宇宙的直径与质子的直径之比呢？令人惊讶的是，这个比值也恰好有 42 位。因此，有人提出了一个有趣的假设，即这个比值与宇宙的尺寸和质子的直径之比相同。不过宇宙是随时间膨胀的，那意着这个引力常数是随时间变化的，尽管这是一种可能性，但没有证据表明这是事实。有几个不完整的迹象表明，引力常数并没有以这种方式改变。于是，这个巨大的数字仍然是一个谜团。

在结束关于引力理论的部分时，我必须再说两件事。首先，爱因斯坦不得不根据他的相对论原理对引力定律进行修改。第一个原理是"x（这里可能指的是某种作用或影响，原文中未明确）不能瞬时发生"，而牛顿的理论则认为力是瞬时起作用的。因此，他不得不修改牛顿的定律。这些修改的影响非常小。其中之一是，所有质量都会受到引力而下落，光具有能量，而能量等价于质量。因此，光也会受到引力而下落，这意味着接近太阳的光会发生偏转，事实也确实如此。此外，在爱因斯坦的理论中，引力也略有修改，因此定律发生了非常微小的变化，这个变化量恰好可以解释在水星运动中发现的微小差异。

最后我要说，关于小尺度上的物理定律，我们发现物质在小尺度上的行为与大尺度上的行为遵循的定律截然不同。因此问题在于，引力在小尺度上看起来是怎样的？这被称为"量子引力理论"。目前还没有关于引力的量子理论。人们还没有完全成功地建立一个与不确定性原理和量子力学原理相一致的理论。

你可能会问："是的，你告诉了我们会发生什么，但引力是什么呢？它是从哪里来的？它是什么？你是想说一个行星在看着太阳，看看它有多远，计算出距离的平方反比，然后根据这个定律再决定如何运行吗？"换句话说，虽然我已经阐述了数学定律，但我没有给出任何关于其中机制的线索。我将在下一讲"数学与物理学的关系"中讨论这样做的可能性。

在本讲的最后，我想强调一下引力与我们之前提到的其他定律共有的一些特征。首先，它是用数学来表达的，其他定律也是如此。其次，它并不精确，爱因斯坦不得不对其进行修改，而且我们知道它现在还不是完全正确的，因为我们还需要将量子理论纳入其中。其他所有定律也都是如此——它们并不精确。总是有一层迷雾，总是还有一些地方需要我们继续探索。这可能是自然的一个属性，也可能不是，但它肯定是我们今天所知道的所有定律的共同点。这可能仅仅是因为我们的知识不足吧。

但最令人印象深刻的事实是，引力很简单。要完全阐述引力的原理并不复杂，也没有留下任何模糊之处让人改变对引力定律的理解。它很简单，因此也很美丽。它的模式很简单。我并不是说它的作用简单——各个行星的运动以及它们之间的摄动可能相当复杂，要计算出并追踪球状星团中所有恒星的运动更是远远超出了我们的能力。它的作用很复杂，但整个事物背后的基本模式或系统却很简单。这是我们所有定律的共同点，尽管它们的实际作用很复杂，但归根结底，它们都是简单的事物。

最后是引力定律的普遍性，以及它能在如此长远的距离上发挥作用的事实。牛顿在考虑太阳系时，就能够预测卡文迪许实验的结果，尽管这个实验与太阳系相去甚远。在卡文迪许的实验中，他用两个相互吸引的小球模拟了太阳系，而这个模型需要扩大 1000 亿倍才能有太阳系的样子。然后，再扩大 1000 亿倍，我们就会发现星系之间也是通过同样的定律相互吸引的。大自然只用最长的丝线来编织她的图案，所以她织物上的每一小块都揭示了整块织锦的组织结构。

第 2 章

数学与物理学
的关系

在数学和物理的应用中，当遇到复杂的情况，尤其是涉及大量数据的处理时，数学方法就显得非常有用。比如在生物学中，病毒对细菌的具体作用是无法用数学来描述的。如果你通过显微镜观察，你只会看到一个小小的病毒在细菌表面晃来晃去，接着找到细菌表面的某个位置——细菌的形状各不相同，然后可能会把自己的脱氧核糖核酸（DNA）注入进去，也可能什么都不做。可是，如果我们进行了大规模的实验，观察成千上万的细菌和病毒的相互作用，那么对这些数据进行统计后我们就能了解病毒的很多特征。我们可以用数学的方法来进行平均处理，看看病毒是否能在细菌体内繁殖、出现了什么新的病毒株，以及这些新的病毒株占了多大比例。通过这些研究，我们还能探讨遗传学、突变等方面的内容。

再举一个更简单的例子，假设有一块巨大的棋盘，能用来下跳棋或国际跳棋。每一步棋的实际操作本身并不复杂，也没有使用什么特别的数学原理，或者说它的数学原理非常简单。但是，如果是在一个非常大的棋盘上，棋子特别多，那么为了分析出最佳走法、优劣策略，我们可能需要进行深刻的思考，这就需要人们先去深入研究。这时，这种分析就变成了数学，涉及抽象的推理。另一个例子是计算机中的开关。如果你有一个开关，它只有开和关两种状态，这本身并没有什么复杂的数学含义，虽然数学家们常常从这种简单的情况开始他们的数学研究。但是如果涉及成千上万个互相连接的电路和开关，要搞清楚这个非常庞大的系统会怎么运作，就需要用到数学了。

数学在物理学中的应用非常广泛，尤其是在讨论复杂情况中的细微现象时，数学能够帮助我们分析和理解。这是基于物理学中的基本规律来进行的。如果我只是在讲数学和物理的关系，我会花大部分时间来讨论这个话题。不过，既然这是关于物理定律本性的一系列讲座，我就没有时间详细讨论复杂情况中的具体过程，而是要直接进入另一个话题，那就是物理学基本定律的本性。

我们再回到跳棋的例子，物理学中的基本定律就像是跳棋的规则，它们决定了棋子的移动方式。在复杂的情况下，数学可以用来分析在特定条件下什么样的走法是最优的。但是，理解这些基本定律的简单本质，几乎不需要用到数学。就像跳棋的规则一样，我们可以用简单的语言来表达这些基本的定律。

物理学中有一个奇怪的现象，那就是尽管基本定律很简单，但我们仍然需要用数学来表达。我举两个例子，一个是不需要数学的，另一个是需要的。

第一个例子，物理学中有一个定律叫法拉第定律，根据这一定律，在电解过程中沉积的物质量与电流大小和电流作用的时间成正比。这意味着，沉积的物质量与通过系统的电荷量成正比。听起来很像是数学公式，但实际发生的事情并不复杂：电流通过导线时，每个电子携带一个电荷。举个例子，可能沉积一个原子需要一个电子来参与，所以沉积的原子数量就必须等于流过导线的电子数量，因此它与通过导线的电荷量成正比。虽然这个定律看起来很数学化，但它的基础并没有什么深奥的内容，实际上并不需要我们深刻理解数学。至于每个原子需要一个电子才能沉积下来，这虽然是数学的内容，但它并不是我在这里要讨论的那种数学。

第二个例子，拿牛顿的万有引力定律来说，它包含了我上次讨论的那些方面。我向你们给出过它的公式：

$$F = G\frac{mm'}{r^2}$$

我这样做是想让你们感受到数学符号能多么快速地传达信息。我说过，引力的大小与两个物体的质量的乘积成正比，与它们距离的平方成反比；物体在受到力的作用时，会通过改变它们的速度或运动方向来作出反应，这种变化与力成正比，与物体的质量成反比。这些都是文字描述，我完全可以不写公式，照样能表达这些意思。然而，虽然这些是文字表达，但是它们的确有数学的成分。我们会想，这怎么可能是一个基本定律呢？行星到底是怎么做的呢？它是不是看到了太阳，测量了它们之间的距离，然后通过内置的计算器算出这个距离的平方倒数，从而知道自己该怎么移动？这显然并不是对引力机制的解释！你可能想更深入地了解，也有很多人尝试过。最初，牛顿也受到了一些质疑，但他并没有给出具体的机制。他说："这个定律告诉你的是物体如何运动，这就足够了。我告诉你的是物体怎么动，而不是为什么动。"但很多人总是不满足于这一没有说明背后机制的解释，所以我想在这里提一个理论，它可能和你们感兴趣的其他理论类似。这种理论认为，引力效应是由大量相互作用产生的，这可以解释为什么引力现象是数学化的。

假设在这个世界上到处都有很多粒子，它们以非常高的速度从我们旁边飞过去。它们从各个方向均匀地飞来，就像是突然射过来，偶尔会撞到我们，形成一种轰炸效应。我们和太阳对它们来说几乎是透明的（几乎，不是完全透明），但仍有一些粒子会撞到我们。那么，来看一下会发生什么吧（图2-1）。

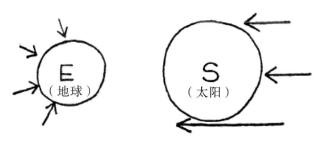

图 2-1

图中 S 代表太阳，E 代表地球。如果太阳不在的话，粒子会从各个方向轰击地球，当它们撞到地球时就会产生一些小的冲击，像是"嘎嘎"或"砰砰"的声音。这个冲击不会让地球向某个特定方向晃动，因为从一个方向来的粒子数量和从相反方向来的差不多，从上面来的和从下面来的粒子也差不多。可是，有一个太阳在那儿，从太阳方向来的粒子会被太阳部分吸收，因为其中一些粒子撞上太阳后就无法继续向前。所以，从太阳方向射向地球的粒子数量要比其他方向来的少，因为它们遇到了太阳这个障碍。很容易看出，太阳离得越远，从所有可能的方向射来的粒子中被太阳挡住的比例就越小。因此，太阳看起来会变小——实际上，随着距离的增大，太阳的大小与距离的平方成反比。结果，地球会受到一个朝向太阳的冲击力，这个力与距离的平方成反比。而这一切的原因，实际上只是大量的非常简单的碰撞：粒子从四面八方一个接一个地撞过来。因此，这种数学关系就显得不那么奇怪了，因为其基本过程比计算距离平方倒数要简单得多。在这个方案中，粒子不断撞击就完成了所需的计算。

这个方案唯一的问题是，因为别的一些原因，它并不可行。你提出的每个理论都必须经过分析，看看它是否会引发其他的后果，是否能预测出其他的现象。这个理论就预测出了其他的现象。如果地球在运动，撞向地球的粒子中来自前方的会比来自后方的更多。（就像你在雨中跑步时，打在你脸上的雨水会比打在你后脑勺上的更多，因为你是迎着雨跑的。）所以如果地球在运动，它就像是迎面撞上了前方来的粒子，且避开了那些从后面追来的粒子。这样，更多的粒子会从正面撞到地球，而从背面撞到地球的粒子就会少一些，这样就会有一个反向的力来抵消地球的运动。这个力会减缓地球在轨道上的速度，而这显然与地球已经绕太阳转了至少三四十亿年的事实不符。所以，这个理论就不成立了。那么你可能会说："这个理论虽然不错，但我暂时把数学部分摆到了一边，也许我可以发明一个更好的理论。"也许你可以，因为没有人知道最终的真理。但从牛顿开始直到今天，都还没人能提出一个新的理论来解释这个定律背后的数学机制，已提出的理论要么和原来的理论一样，要么使得数学的表述变得更复杂，要么预测出错误的现象。所以，至今没有任何一种引力理论模型能代替现有的数学形式。

如果说引力定律是唯一有这种性质的定律，那这是一件很有趣但也相当让人头疼的事。然而事实证明，随着我们不断深入研究，发现的定律越来越多，对白然的探索越来越深，就越会发现这件事确实是真的。我们的每一条定律都是一种纯粹的数学表述，非常复杂和深奥。牛顿关于引力的定律使用的数学相对简单，但随着我们研究得更深入，数学表述就变得越来越深奥，越来越难以理解。为什么会这样？我一点也不知道。我的目的是告诉你这个事实。整场讲座的核心，就是要强调这样一个事实：如果对数学缺乏一定的深入理解，就很难忠实地、让人真正感受到自然法则的美妙。我很抱歉，但似乎事实就是这样。

你可能会说："好吧，如果这个定律没有得到解释，至少告诉我它是什么。为什么不直接用文字告诉我，而是非要用符号呢？数学不过是一种语言，我想把这种语言翻译成我能理解的方式。"实际上，这需要相当的耐心，但是我可以做到，而且我认为我也已经在一定程度上做到了。我可以更进一步详细解释这个公式的含义——比如说，如果距离是原来的两倍，引力就只有原来的四分之一，以此类推。我可以把所有的符号都转化成文字。换句话说，我可以尽量用通俗的语言来讲解，帮助那些希望我能解释一下的普通人。很多人因为特别擅长用普通人能理解的语言来解释这些困难且深奥的主题，所以声名显赫。普通人会不停地翻阅一本又一本的书，希望能够避开那些最终会出现的复杂问题，即使是最好的科普作品也是如此。随着阅读的深入，他发现自己越来越困惑，出现了一个接一个复杂的观点，越来越多难以理解的内容，且它们彼此之间似乎毫无联系。问题变得模糊起来，他开始希望也许在某本书里能找到一些更清晰的解释……这位作者解释得差不多明白了——或许另一个人能解释得更清楚。

但我认为这是不可能的，因为数学不仅仅是一种语言。数学是一种语言加上推理，就像是语言加上逻辑。数学是用来推理的工具。实际上，数学是某些人经过深思熟虑和推理得出的结果的一个庞大集合。通过数学，我们可以将一个命题与另一个命题联系起来。例如，我可以说引力是朝向太阳的。我也可以告诉你，正如我之前所说的，行星的运动是这样的：如果我从太阳到行星画一条线，然后在三周后再画一条线，那么行星扫过的区域面积在三周内是相同的，接下来的三周也是如此，一直如此，直到它绕着太阳转完一圈。我可以仔细解释这两个命题，但我无法解释为什么它们是相同的。大自然看似复杂无比，充满了各种奇怪的定律和规则，每一条都已经被详细地解释过，但它们实际上是紧密相连的。然而，如果你没有理解数学，你就无法从众多事实中看出逻辑是如何让你从一个事实推导到另一个事实的。

或许你会觉得不可思议：如果我能证明力是指向太阳的，那么在相等的时间内行星扫过的面积就会相等。如果可以的话，我会做一个演示，来向你展示这两个看似不同的现象其实是等价的，这样你就能更好地理解这两个定律所表达的意义。我将展示这两个定律是如何联系在一起的，仅通过推理就可以从一个推到另一个，而数学其实只是经过组织的推理方法。通过这个过程，你将更好地欣赏这两个命题之间的美妙关系。我接下来要证明的就是，如果力是指向太阳的，那么行星在相等的时间内扫过的面积是相等的。

我们从太阳和一个行星开始（图 2-2），假设在某一时刻，行星处于位置 A。行星以某种方式运动，比如说，一秒钟后它移动到了位置 B。如果太阳没有对行星施加任何力，那么根据伽利略的惯性定律，行星将继续沿着直线运动。因此在接下来同等的时间间隔内，也就是下一秒钟，它将沿着同一条直线移动相同的距离，到达位置 C。

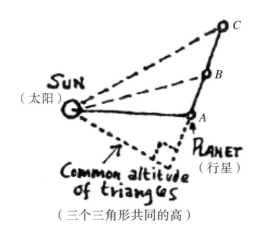

图 2-2

接下来，我们将证明如果没有力的作用，行星在相等的时间内会扫过相等的面积。我提醒大家，三角形的面积是底边乘以高度的一半，而高度是底边到顶点的垂直距离。如果三角形是钝角三角形（图 2-3），那么它的高就是垂直线 AD，底边是 BC。

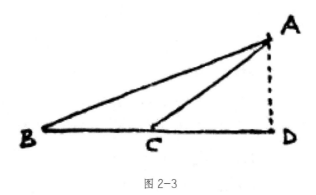

图 2-3

现在，让我们比较一下如果太阳没有施加任何力，行星扫过的面积会有什么变化。

记住，位置 A 到 B 和位置 B 到 C 的距离是相等的。那么问题来了，这两个三角形的面积相等吗？我们考虑由太阳和位置 A、B 这三个点构成的三角形，它的面积是多少？面积是底边 AB，乘以从底边到太阳的垂直高度的一半。那么，另一个三角形呢？这是从位置 B 到 C 的运动产生的三角形。它的面积是底边 BC，乘以从底边到太阳的垂直高度的一半。这两个三角形有相等的高，而且正如我所说，它们的底边也相同，因此它们的面积是相同的。到目前为止，我们的分析是成立的。如果太阳没有施加任何力，行星在相等的时间内扫过的面积应该是相等的。但是，太阳是有引力的。在从位置 A 到 B，再到位置 C 的过程中，太阳的引力正在朝各个方向拉扯并改变行星的运动方向。为了更好地估计，我们可以取位置 B 作为中心位置或平均位置，假设在这个时间段内（从 A 到 C），太阳的引力作用是沿着太阳—行星连线方向改变运动的（图 2-4）。

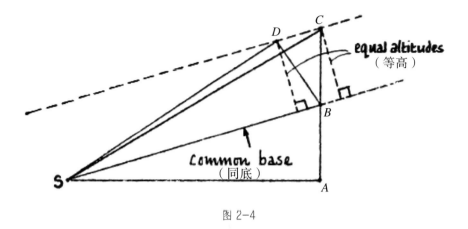

图 2-4

这意味着，尽管粒子原本沿着 *AB* 这条直线运动，且如果没有力的作用，它们将在下一秒继续沿着同一条直线运动，但由于太阳的影响，运动发生了改变，即在平行于 *BS* 直线的方向上被推动了。因此，下一次运动实际上是行星原本要做的运动和太阳引力引起的变化的组合。于是，行星并没有到达位置 *C*，而是到了位置 *D*。现在我们想比较△*SBC* 和△*SBD* 的面积，我将证明二者的面积是相等的。这两个三角形的底边是相同的，都是 *SB*。那么它们的高度也相同吗？当然相同，因为它们都位于平行的两条线之间，从位置 *D* 到 *SB* 线的距离等于从位置 *C* 到 *SB*（延长线）的距离。因此，△*SBD* 的面积与△*SBC* 的面积相同。我之前已经证明了△*SAB* 和△*SBC* 的面积相等，那么现在我们知道△*SAB*=△*SBD*。所以，在行星的实际轨道运动中，第一秒和第二秒扫过的面积是相等的。因此，通过推理，我们可以看到太阳的引力方向与扫过的面积相等之间存在联系。这不是很巧妙吗？这个想法我是直接从牛顿那里借来的，它完全来自《自然哲学的数学原理》（*philosophiae Naturaus Principia Mathemetica*）一书，图示和所有内容都引用了这本书里的资料，唯一不同的是文字，因为他用的是拉丁文，而我们用的是阿拉伯数字。

牛顿在他的书中将用几何方法证明一切。今天，我们不再使用这种方式，我们现在用的是一种符号分析的推理方法。这种方法需要很多聪明才智，要画出正确的三角形，要注意面积的关系，还要想出如何进行计算。但随着分析方法的改进，我们已经有了更快速、更高效的方法。我想给大家展示一下现代数学中的符号表示。采用这种方法，你要做的就是写下大量的符号，再进行推理和运算，从而解决问题。

我们想讨论的是面积变化的速度，我们用 $\dot{A}$ 来表示。当半径变动时，面积会发生变化，而决定面积变化量的是垂直于半径方向的速度乘以半径。所以，这实际上是半径的分量乘以速度，或者说是距离变化的速率。

$$\dot{A} = \dot{r} \times \dot{r}$$

现在的问题是，面积变化的速率本身是否会变化。这里的原则是，面积变化的速率是不应该发生变化的。因此，我们要再次对这个关系进行微分，这就涉及一个小技巧：比如在正确的位置上加上点号，仅此而已。你必须学会这些技巧，这只是人们发现的非常有用的一系列规则。我们这么写：

$$\ddot{A} = \dot{r} \times \dot{r} + \dot{r} \times \ddot{r} = \dot{r} \times \dot{F}/m$$

第一项表示的是取速度在与半径垂直方向上的分量。这个分量是零，因为速度的方向与自身一致。加速度即二阶导数，用 r 上面加两点表示，或者说是速度的微分，等于力除以质量。

这就是说，面积变化速度的变化率是与半径垂直的力的分量，但如同牛顿所说，如果力的方向是沿着半径的，那么在与半径垂直的方向上就没有力，这就意味着面积变化的速率是保持不变的。

$$\vec{\tau} \times \vec{F}_{/m} = 0 \ \text{or} \ \ddot{A} = 0$$
（或者）

这仅仅是用不同记号的分析方法来展示数学分析的威力。牛顿知道如何做这些分析，虽然用的记号稍有不同，但他把所有的内容都写成几何形式，因为他想要让当时的人们能够读懂他的论著。他发明了微积分，就是我刚才所展示的那种数学方法。

这很好地说明了数学与物理的关系。当物理问题变得复杂时，我们常常会求助于数学家，因为他们可能已经研究过类似的问题，并能为我们提供一种思路。如果他们没有研究过，我们就得自己发现思路，然后再把这个思路反馈给数学家。任何仔细思考过问题的人，都会为我们了解思考的结果作出贡献；而如果把这些思考抽象出来，交给数学系，他们就会把这些内容整理成数学书籍，成为数学的一个分支。因此，数学是一种从一个命题推导到另一个命题的方法。它在物理学中显然是非常有用的，因为我们可以用不同的方式来描述事物；而数学允许我们推导结果、分析情况，并以不同方式来修改定律，从而连接各种不同的命题。事实上，物理学家知道的东西非常有限。他们只需要记住一些规则，就能从一个地方推导到另一个地方，因为关于等时、力在半径方向上的分量等各种命题，都是通过推理相互联系的。

现在出现了一个有趣的问题。我们是否有一个起点，可以从它开始推导出所有的物理规律？自然界中是否存在某种特定的模式或顺序，让我们能理解哪些命题是更基础的，而哪些命题更像是结果呢？在数学上有两种看待问题的方式，为了达到本次讲座的目的，我将它们称为"巴比伦传统"和"希腊传统"。在巴比伦的数学学派中，学生通过做大量的例题来掌握一般的规律。他们会学到大量的几何知识，比如圆的性质、毕达哥拉斯定理、立方体和三角形的面积公式等；此外，还会学习一些推理技巧，用来从一个结论推导出另一个结论。同时，他们也有一些数值表格，用来解决复杂的方程式。总的来说，巴比伦的数学传统注重通过大量的计算来得出结果。然而，欧几里得发现了另一种方法，他证明了几何学的所有定理都可以从一组非常简单的公理中推导出来。巴比伦的数学观念——或者说我所说的"巴比伦数学"——就是你知道所有的定理和其中的许多联系，但你从未完全意识到这些定理和联系其实都可以从一堆公理中推导出来。现代数学则更侧重于公理和证明，且这些公理在一个非常明确的框架内被接受和界定。现代几何学借鉴了欧几里得的公理，并对其进行了改进，使之更加完美，然后在此基础上展示如何推导出整个几何系统。举个例子，像毕达哥拉斯定理（即直角三角形两条直角边上的两个正方形的面积和，等于斜边上正方形的面积）不应当作为一个公理。而从笛卡尔几何的角度来看，毕达哥拉斯定理却可以被视为一个公理。

所以我们首先必须接受一个事实，那就是即使在数学中，你也可以从不同的地方出发。如果所有定理都是通过推理相互联系的，那么就没有真正的理由说"这些是最基本的公理"。因为如果别人告诉你一些不同的东西，你同样可以通过反向推理来得出结论。这就像是一座桥，有很多支撑点，并且连接点是超出所需的；如果某些部件掉了，你还可以用其他方式重新连接它。今天的数学传统是从某些特定的观念出发，再将这些观念约定为公理，然后从这些公理开始一步步建立整个结构。而我所说的"巴比伦思想"则是这样的一种方式："我恰好知道这个，也恰好知道那个，也许我还知道那个；然后我就从这些已知的东西出发，把所有的东西都推算出来。明天我可能忘记了这个结论，但因为记住了另一个结论，所以我可以重新把它们组织起来。我从来不确定我应该从哪里开始，或者应该从哪里结束，我只是一直记住足够的信息，这样即使当记忆逐渐模糊，遗忘一些信息时，我每天仍然可以把这些东西重新拼凑起来。"

从公理出发推导定理，这种方法不是很高效。在几何学中，如果每次都必须从公理开始推导，你就没法高效地解决问题。如果你记住了几条定理，就可以随时推导出其他结论，但直接从公理开始就会非常低效。确定哪些是最好的公理，并不一定是探索这个领域最有效的方式。在物理学中，我们需要的是巴比伦式的方法，而不是欧几里得或希腊式的方法，我接下来会解释一下为什么。

欧几里得方法的问题在于，它总是让一些关于公理的内容变得更有意义或更重要。但是以引力为例，我们所问的问题是：到底是说"力指向太阳"更重要、更基本，还是说"相等面积在相等时间内被扫过"更适合作为公理？从某个角度来看，说力的陈述更好。如果我明确了力的方向，那么我可以处理一个包含许多粒子的系统，这个系统中的轨道不再是椭圆形的，因为力的陈述告诉我粒子之间的相互作用。在这种情况下，关于等面积的定理就不再成立了。因此，我认为力的定律应该作为公理，而不是等面积的定理。另外，等面积的原则可以在一个有大量粒子的系统中推广成另一个定理。这个定理相对复杂一些，没那么简洁美丽，但显然它是从相等面积定理衍生而来的。想象一下一个包含大量粒子的系统，也许是木星、土星、太阳以及其他恒星，它们相互作用，而且从远处看它们在一个平面上投影（图2-5）。这些粒子沿着不同的方向运动，我们取任意一点，计算从该点到每个质点的半径所扫过的面积。在这个计算中，质量较重的粒子会产生更重要的影响；如果一个粒子的质量是另一个的两倍，那么它所扫过的面积也会被算作两倍。因此，我们按每个粒子的质量占比来计算它扫过的面积，并将所有的面积相加，结果是总的面积不会随时间变化。这个总和叫作角动量，这就是角动量守恒定律。守恒的意思就是它永远不会发生变化。

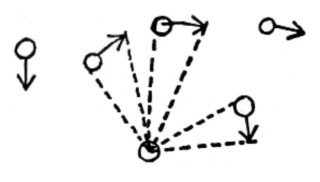

图 2-5

这个定律的一个结果如下：想象一群星星聚集在一起形成一个星云或星系。最开始它们距离中心很远，移动缓慢，因此每秒钟扫过的面积也很小。随着它们逐渐靠近，离中心越来越近，当它们非常靠近时，半径会变得非常小，因此为了每秒扫过相同的面积，它们必须以更快的速度移动。你会发现，当这些星星聚拢起来时，它们会越来越快速地旋转和盘旋，借此我们可以大致理解螺旋星云的形状。用类似的思路，我们也能理解冰上舞者旋转的原理。一开始他的腿伸得很开，动作缓慢，而当他将腿收起来时，他旋转得会更快。当腿伸开时，他每秒会扫过一定的面积，而当他将腿收进来时，为了保持相同的面积，他必须以更快的速度旋转。不过，我并没有证明冰上舞者的旋转原理：舞者是靠肌肉力量驱动的，而重力是另一种不同的力。然而，这条定理对于冰上舞者来说也是成立的。

现在我们遇到了一个问题。我们经常可以从物理学的某一部分（比如万有引力定律）推导出一个结果，而这个结果比推导本身更为普遍和有效。但在数学中，定理不会出现在不应该出现的地方。换句话说，如果我们说物理学的公设是万有引力的等面积法则，那么我们可以推导出角动量守恒定律，但这仅仅适用于引力。然而，我们通过实验发现，角动量守恒是一个更广泛的原则。牛顿有其他的公设，可以推导出更为普遍的角动量守恒定律。但牛顿的那些定律是错的——在那个体系里没有力，所有的那些都是空话，粒子没有轨道，等等。然而，这个关于面积和角动量守恒的原理的类比，或者说它的精确转化，仍然是对的。它在量子力学中的原子运动中也适用，而且直到今天，根据我们的了解，它仍然是准确的。我们有一些广泛的原则，它们贯穿于不同的物理定律之中。如果我们把推导过程看得太过严肃，认为一个定理只有在另一个定理有效时才有效，那么我们就无法理解物理学各个分支之间的相互联系。某一天当物理学发展完善了，我们知道了所有的定律，那时候我们也许会从一些公理出发，毫无疑问会有人找到一种特定的方法，通过这些公理可以推导出所有其他的定律。但在我们还不了解所有定律的时候，我们还是可以利用一些已知的定律去推测那些未经证实的定理。为了理解物理学，人们必须始终保持一种平衡，在头脑中容纳所有的命题及其相互关系，因为新的定律往往是在它们能推导的范围之外。只有当所有的定律都已知时，这种做法就不重要了。

另一个非常有趣的现象，即数学与物理学的关系的一个非常奇特的地方，就是通过数学推理，你可以从许多不同的起点出发，最后却殊途同归。这一点是很明显的。公理可以用一些定理来代替；但实际上，物理定律的构造非常精细，不同但等价的表述方式具有截然不同的特性，这使得它们非常有趣。为了说明这一点，我将用三种不同的方式来表述引力定律，这三种表述虽然完全等价，但听起来却截然不同。

第一个表述是，根据我之前给出的方程 $F=G\dfrac{mm'}{r^2}$，计算物体之间存在的相互作用力。当一个物体感受到力时，它会以一定的量产生加速或改变其运动状态。这是描述定律的常规方式，我称之为"牛顿定律"。这个定律的表述意味着力取决于某个在有限距离之外的物体。它具有我们所说的"非局域性"的特性，也就是说，一个物体所受的力取决于一定距离外另一个物体的位置。

你可能不太喜欢"超距作用"的概念。怎么可能这个物体知道远处发生了什么呢？于是就有了另一种描述定律的方式，这种方式非常奇怪，被称为"场"的方式。它很难解释，但我想给你一个大概的思路。它传达的意思完全不同。在空间的每一个点上都有一个数值（我知道它是一个数值，而不是一个机制：这就是物理学的麻烦所在，它必须用数学表达），而且当你从一个地方移动到另一个地方时，这个数值会发生变化。如果在空间中的某个点放置一个物体，物体所受的力的方向就是那个数值变化最快的方向（我给它一个常用的名字，叫作"势"，力的方向是势变化的方向）。此外，力的大小与势变化的速度成正比。这个部分的陈述是这样，但还不够，因为我还没有告诉你如何确定势是如何变化的。我可以说，势与每个物体的距离成反比，但这又回到了"超距作用"的概念。你可以用另一种方式来表述定律，它表明你无需知道一个小球体外部发生的任何事情。如果你想知道球心的势，你只需要告诉我球面上的势是多少，无论这个球体有多小。你不需要往外看，只要告诉我球体附近的情况，以及球体里面的质量。规则如下：球体中心的势等于球体表面上势的平均值，再减去我们之前方程中出现的常数 G 除以球半径的两倍（我们将其称为 a），然后乘以球体内的质量，前提是球体足够小。

$$\text{Potential at centre} = \text{Av. pot. on ball} - \frac{G}{2a}(\text{mass inside})$$

中间的势能 = 球面上势的平均值 $- \dfrac{G}{2a}$（球内的质量）

你可以看到，这条定律与牛顿的定律不同，因为它的内容是某一点的情况是如何由非常接近的地方的情况决定的，而牛顿的定律则是通过某一时刻的情况来推算另一时刻的情况。它从瞬间到瞬间地指导我们如何推导，但在空间中，它是从一个地方跳到另一个地方的。第二种表述在时间和空间上都是局部的，因为它只依赖于周围的情况。但从数学上来说，这两种表述是完全等效的。

有另一种完全不同的表述方式，它在哲学思想和定性概念上与前面的完全相反。如果你不喜欢"超距作用"的概念，我已经告诉过你，可以抛弃它。现在我想向你展示一个在哲学上与前述完全相反的说法。在这种表达方式里，完全没有讨论物体如何从一个地方到达另一个地方，整体的过程可以通过一个全局性的陈述来描述，内容如下：当你有一堆粒子，并且你想知道其中一个粒子如何从一个地方移动到另一个地方时，你可以通过假设某种可能的运动方式来描述它如何在给定的时间内从一个地方移动到另一个地方（图 2-6）。假设粒子从 X 点到 Y 点要用一个小时的时间，而你想知道它可以走哪条路线，你需要做的就是假设不同的曲线，并在每条曲线上计算一个特定的量（我不打算告诉你这个量是什么，但对于那些听过这些术语的人来说，这个量是每条路线的动能和势能之差的平均值）。如果你先为一条路线计算这个量，然后再算另一条，你会得到每条路线不同的数值。然而，有一条路线会给出最小的数值，这就是粒子在自然中实际上会选择的路线！我们现在对全部曲线的特征量进行计算以描述粒子的实际运动，即椭圆轨道。我们已经不再谈论因果关系——粒子感受到引力并因此运动的想法。相反，在某种宏大的方式下，粒子能"嗅探"所有的曲线和所有的可能性，然后选择其中最优的那一条（即选择让我们的量最小的那条路线）。

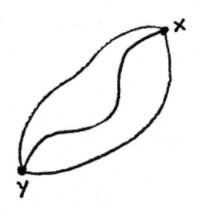

图 2-6

这是一个用各种美妙的描述方式展示自然界的例子。当人们说自然界必须具有因果性时，你可以使用牛顿定律；如果人们说自然界必须通过最小原理来表达时，你就可以用这种方式来描述；或者如果他们坚持认为自然界必须具有局域场的特性，你也可以这样做。那么问题来了：哪种方式是正确的呢？如果这些不同的描述方式在数学上不完全等价，如果某些方式会带来不同的结果，那么我们只需要通过实验来找出自然界实际选择了哪一种方式。人们可能会从哲学的角度争论说，他们更喜欢某种方式而不是另一种；但是我们通过大量经验已经学到，关于自然界如何运作的所有哲学直觉都会失败。我们只能探索所有的可能性，尝试所有的替代方案。但在我所谈论的这个特定例子中，这些理论是完全等价的。从数学上看，三种不同的表述方式——牛顿定律、局域场方法和最小作用量原理给出的结果是完全相同的。那么我们该怎么办？你会在所有的书中读到，我们无法科学地决定选用哪一种。这是对的，它们在科学上是等价的。如果所有结果都相同，就没有实验方法能区分它们，因此也无法做出选择。但在心理学上，它们有很大不同，主要表现在两个方面。首先，从哲学上看，你会喜欢其中一种，或者不喜欢另一种，而学习是克服这一偏见的唯一途径。其次，从心理学上看，它们有很大不同，因为在你试图推测新的规律时，它们在心理上是完全不等价的。

只要物理学还不完整，我们还在努力理解其他的定律，那么不同的表述方式可能会为我们提供一些线索，帮助我们推测在不同的情况下可能会发生什么。这样一来，它们在心理上就不再是等价的了，因为它们能引导我们对更广泛的物理现象做出不同的推测。举个例子，爱因斯坦意识到电信号的传播速度不可能超过光速。他推测这是一个普遍的原理。（这就像是在已知某一现象的角动量之后，将其扩展到宇宙中的其他现象。）他推测这一原则适用于所有事物，也包括引力。如果电信号的传播速度不能超过光速，那么你会发现用瞬时的方式来描述力是非常不准确的。因此，在爱因斯坦对引力理论的推广中，牛顿的物理描述方法变得完全不足，且复杂得无法应用，而场的方法既简洁又清晰，最小作用量原理也是如此。至于后两种方式，我们还没有做出选择。

量子力学的实际情况是，我之前提到的这两种方式都不完全正确，但最小作用量原理的存在，实际上是因为粒子在微小尺度上遵循量子力学的规律。根据目前的理解，最好的物理定律实际上是这两者的结合体，即我们既使用最小作用量原理，又使用局部定律。目前我们认为，物理定律必须具有局部性特征，并且还必须包含最小作用量原理，但我们并不能完全确定这一点。如果你有一个理论结构，它只有部分是准确的，而且有些地方可能会有问题，那么如果你选择合适的公理来建构它，也许只会有一个公理失败，而其他的仍然成立，你就只需要改变一小部分。但如果你使用另一组公理，它们可能都会崩溃，因为它们都依赖于那个失败的部分。我们无法提前知道结果，除非有一些直觉告诉我们哪种写法是最好的，这样我们才能找到新的情况。我们必须始终在头脑中保持所有可能的思考方式。因此，物理学家做的是巴比伦式的数学，很少关注从固定公理出发的精确推理。

自然界有一个令人惊讶的特点，就是可以用多种不同的方式来解释同一个现象。事实证明，这种多样性之所以可能，是因为物理定律本身具有非常特殊和微妙的性质。例如，平方反比定律允许变成定域描写；如果它是立方反比定律，就无法用这种方式表达。在方程的另一端，力与速度变化率的关系正是使得最小作用量原理能够用来描述定律的原因。例如，如果力与位置变化率而不是速度变化率成比例，那么就无法用这种方式来表达这些定律。如果你对这些定律做大幅修改，你会发现你只能用更少的方式来表达它们。我总觉得这很神秘，也不太明白为什么正确的物理定律似乎能够以如此多样的方式来表达。它们好像能同时通过多个难关一样。

我想谈谈数学和物理之间的一些更普遍的关系。数学家只关心推理的结构，他们实际上并不在乎自己在讨论些什么。他们甚至不需要知道自己讨论的内容，或者像他们自己说的那样，不用关心他们说得是否真实。我来解释一下。你首先陈述一些公设，比如"某某是如此，某某是如此"。然后呢？逻辑推理可以在不知道这些"某某"具体是什么意思的情况下进行。如果这些关于公理的陈述表达得很严密、很完整，那么进行推理的人完全不需要理解这些词语的含义，就能用同样的语言得出新的结论。如果我在某个公理中使用了"三角形"这个词，那么结论中就会出现关于三角形的陈述，而进行推理的人可能根本不知道什么是三角形。但我可以回过头来解释他的推理，告诉他"三角形啊，就是一个有三条边的形状，像是这么一个东西"，然后我就能知道他得出了什么新结论。换句话说，数学家面对的是抽象的推理框架，当你有一套关于现实世界的公设时，这些框架就能派上用场。但物理学家所说的每一个词语都有实际的意义。这一点是很多从数学踏入物理学领域的人没有意识到的。物理学不是数学，数学也不是物理学。数学和物理学相互辅助，但在物理学中，你必须理解词语和现实世界之间的联系。最终，你需要把你推导出的结论转化为现实世界的语言，转化为你实验中所用的铜块和玻璃。只有这样，你才能验证你的结论是否真实。这其实并不是一个数学问题。

当然，数学推理方法对于物理学家来说显然具有极大的威力和用途。另一方面，有时物理学家的推理对于数学家也很有帮助。

数学家喜欢把推理尽可能地做到普遍化。如果我对他们说"我想谈谈普通的三维空间"，他们会说"如果你有一个 n 维空间，那就有这些相关的定理"。可是我只想要三维空间的情况，他们会回答："那就把 $n=3$ 代入。"结果数学中很多复杂的定理在应用到特定情况时，反而变得更加简单。物理学家总是对特定情况感兴趣，从不关心普遍情况。他讨论的是具体的事物，而不是空泛的抽象问题。他想讨论的是三维空间中的引力定律，并不想讨论 n 维空间中的任意力的情况。所以一定程度上的简化是必要的，因为数学家的这些定理是为广泛的问题准备的。这非常有用，但后来总是有物理学家不得不回来对数学家说："抱歉，你之前说的四维空间……"

当你知道自己在谈论的是什么，知道某些符号代表着力，另一些符号代表质量、惯性等时，你就可以运用大量的常识和直觉来理解这个世界。你已经见过各种现象，知道这些现象大概会怎样表现出来。

但乏味的数学家把这些现象转化为方程式，并且由于这些符号对他来说并没有实际意义，所以只能依靠严格的数学推理和论证来证明自己。物理学家则不一样，他大致知道结果会是怎样，因此能够通过推测较快地完成工作。对于物理学来说，严格的数学精度并不是那么重要。但我们不应该因此而批评数学家。并不是因为某个方法对物理学有用，数学家就必须按照这种方式去做，他们有自己的工作要做。如果你需要其他的东西，你就得自己去解决。

下一个问题是，当我们尝试推测一个新定律时，应该依靠直觉和哲学原则吗？比如，"我不喜欢最小值原理"或"我喜欢最小值原理"；"我不喜欢超距作用"或"我喜欢超距作用"；等等。模型有多大帮助呢？有趣的是，很多时候模型确实能帮助我们，大多数物理老师都会教学生如何使用模型，并且培养学生对事物运作的物理直觉。但事实总是这样：最伟大的发现往往是从模型中抽象出来的，模型本身并没有太大作用。麦克斯韦发现电动力学时，最初使用了许多想象中的齿轮和滑轮。当你把这些虚构的齿轮和滑轮从模型中去掉后，事情就变得清楚了。狄拉克[①]通过推测方程来发现相对论量子力学的正确定律。推测方程的方法似乎比推导新定律的方式更有效。这再次表明，数学是表达自然规律的深刻方式，而任何试图用哲学原则或机械直觉来表达自然的方式，都不是高效的方法。

我总是觉得困惑，根据我们今天理解的定律，无论空间的某个区域多么微小，时间的某个片段多么短暂，计算机要搞清楚那里的情况，竟然需要进行无限多次的逻辑运算。为什么在这么小的空间里会有这么多的事情在发生？为什么要花费无限多的逻辑运算，才能搞清

---

① 保罗·狄拉克（Paul Dirac），英国物理学家，1933 年与薛定谔共同获得诺贝尔奖。

楚一个微小的时空片段将会怎样？因此，我曾经假设，最终物理学可能不需要数学公式，最终物理的本质会显现出来，定律也会变得简单，就像棋盘一样，尽管它看起来很复杂。但这个猜想和其他人提出的没什么不同——"我喜欢这样""我不喜欢这样"——所以对这些事情过于偏执其实并不好。

我想引用琼斯的话来做总结："伟大的设计者似乎是一个数学家。"对于那些不懂数学的人来说，很难真正体会到自然的美丽，尤其是那种最深刻的美。C.P. 斯诺曾谈到过两种文化。我真的认为，这两种文化将那些曾经有过深刻数学理解的人与那些没有过这种经历的人区分开了。只有真正理解数学的人，才能真正欣赏到自然的奥妙。

很遗憾，这个过程必须通过数学，而数学对一些人来说又很困难。据说（我不知道这是否属实）有一次，一位国王试图向欧几里得学习几何学，但他抱怨说这很难。欧几里得回答说："几何学没有捷径。"的确，没有捷径可走。物理学家无法将物理学转换成其他任何语言。如果你想了解自然界、欣赏自然界，就必须理解自然界所使用的语言。自然界只以一种形式提供自身的信息，我们不会狂妄到要求自然界改变自己的表达方式来迎合人类。

所有你能提出的理论论证，都无法让聋人体验到真正的音乐。同样，世界上所有的智力辩论也无法让"另一种文化"的人理解自然的真谛。哲学家们可能会试图通过定性描述来教你关于自然的知识，我也在努力去描述她。但这并没有成功，因为这是不可能的。也许正因在这方面的视野有限，一些人才能想象宇宙的中心是人类。

第 3 章

伟大的守恒定律

在学习物理定律时，你会发现有许多复杂而详细的定律，比如万有引力定律、电磁学定律、核作用定律等等。但在这些具体的定律背后，却有一些伟大的普遍原则，所有的定律似乎都遵循这些原则。这些原则包括守恒定律、某些对称性特征、量子力学原则的一般形式，以及就像我们上次讨论过的那样，所有的物理定律都是数学化的，不管你喜不喜欢。在今天的讲座中，我想谈谈守恒定律。

物理学家用一种特殊的方式来使用普通的词汇。对他们来说，守恒定律意味着有一个数字，你可以在某一时刻计算出它，然后随着自然界发生种种变化，你在稍后的时间再次计算时，它的值依然和之前一样，不会改变。其中一个例子就是能量守恒定律。这个数字可以通过某个规则来计算，而且无论发生什么情况，结果总是相同的。

现在你可以看到，像这样的东西是很有用的。假设物理学，或者说自然界，就像是一场巨大的国际象棋游戏，棋盘上有成千上万的棋子，而我们正在试图找到这些棋子移动的规律。这场棋局是由伟大的神来下的，他们下得非常迅速，很难看清楚，也很难完全理解。不过，我们逐渐掌握了一些法则，有些法则我们可以推导出来，而且这些法则不需要我们观察每一步的变化。例如，假设棋盘上只有一枚红色的象，由于象只能沿对角线走，它就永远不能走出自己所在颜色的方格，因此如果我们在神仙下棋时稍微转开一会儿，再回头看，我们会发现棋盘上依然有一只红色的象，也许它在不同的位置，但仍然是在同一颜色的方格上。这就像是守恒定律的性质一样，我们不需要看到每一个细节，但可以知道游戏的大致情况。

确实，在国际象棋中，这一特定法则并不一定完全适用。如果我们长时间不去关注棋局，可能会发生象被吃掉、兵升变为后，而神（此处可理解为棋局中的最佳策略或某种超然存在）却决定在那个原本是兵所在的黑格上保留象而不是后的情况。遗憾的是，我们今天看到的一些法则很可能并不完全准确，但我会按照我们目前的认知来告诉你们。

我曾说过，我们会在技术性讨论中使用普通的词语，今天这场讲座的标题中还有一个词也挺特别——"伟大的守恒原理"。这个词并不是一个技术性术语，它只是为了让标题听起来更有戏剧性，我完全可以把它叫作"守恒定律"。确实存在一些守恒定律并不完全成立的情况，它们只是近似正确，但有时也很有用，我们可以把它们称为"次要的"守恒定律。稍后我会提到一两个不完全成立的案例，但我要重点讨论的守恒定律，至少从今天来看，是绝对准确的。

我将从最容易理解的开始，那就是电荷守恒。电荷守恒意味着，有一个数值——世界上所有电荷的总量——无论发生什么变化，它都不会改变。如果你在一个地方失去了电荷，你就会在另一个地方找到它。守恒的是所有电荷的总和。这一发现是法拉第[①]通过实验得出的。他的实验是在一个巨大的金属球体内做的，球体的外面装有非常精密的电流计用来检测球体上的电荷，即使是很小的电荷，也会产生明显的反应。法拉第在球体内安装了各种各样奇怪的电气设备。他用猫毛摩擦玻璃棒来产生电荷，还做了巨大的静电设备，使得这个金属球的内部看起来像是恐怖电影中的实验室。但在所有这些实验中，球体表面都没有检测到电荷——没有产生净电荷。虽然玻璃棒在与猫毛摩擦后可能带有正电荷，但是猫毛则带有同样数量的负电荷，总电荷始终为零。因为如果球体内部产生了电荷，它就会在外面的电流计上表现出来。因此，电荷是守恒的。

---

① 迈克尔·法拉第（Micheal Faraday），1791—1867，英国物理学家。

这个结果很容易理解，因为用一个非常简单的模型就能解释它，而这个模型根本不涉及数学。假设世界上只有两种粒子，那就是电子和质子（人们一度以为世界可能就是这么简单），并且假设电子带负电荷，质子带正电荷，这样我们就可以把它们区分开。我们可以拿一块物质，给它加上更多的电子，或者去掉一些电子。假设电子是永久存在的，永远不会解体或消失——这个假设很简单，甚至不需要数学知识——那么质子的总数减去电子的总数将保持不变。事实上，在这个模型中，质子的总数和电子的总数都不会改变。但我们现在关注的是电荷。质子的贡献是正电荷，电子的贡献是负电荷。如果这些粒子永远不会单独被创造或销毁，那么总电荷就是守恒的。接下来，我将列出一些守恒量的性质，并且从电荷开始（图3-1）。关于电荷是否守恒，我在表里写下"是"。

	Charge（电荷）	Baryon No.（电子数）	Strangeness（奇异数）	Energy（能量）	Angular Momentum（角动量）
Conserved (locally)（局部守恒）	Yes（是）	Yes（是）	Nearly（近似）	Yes（是）	Yes（是）
Comes in Units（以单位形式出现）	Yes（是）	Yes（是）	Yes（是）	No（否）	Yes（是）
Source of a field（场的源头）	Yes（是）	?	?	Yes（是）	

图 3-1

注：这是费曼教授在整个演讲过程中不断补充的完整表格。

这个理论的解释非常简单，但后来发现电子和质子并不是永久不变的。例如，一种叫中子的粒子可以分解成一个质子和一个电子——再加上其他我们稍后会提到的东西。然而，事实上中子是电中性的。所以，尽管质子不是永久的，电子也不是永久的，因为它们可以从中子中生成，但电荷仍然是守恒的。一开始，我们是零电荷，之后我们得到了一个正电荷（质子）和一个负电荷（电子），把它们加起来，还是零电荷。

一个类似的例子是，除了质子之外，还有一种带正电的粒子。它被称为正电子，是电子的"镜像"。在许多方面，它和电子很相似，唯一不同的是它的电荷符号相反；更重要的是，它被称为反粒子。因为当它和电子相遇时，它们可以互相湮灭并分解，最终只产生光。这说明电子本身也不是永久的，一个电子和一个正电子相遇时会转化为光。实际上，这种"光"是肉眼无法看到的，它是伽马射线；但对物理学家来说，这和普通的光没有区别，只是波长不同。因此，粒子和它的反粒子可以相互湮灭。虽然伽马射线本身不带电荷，但由于我们同时去掉了一个正电荷和一个负电荷，所以总电荷没有发生变化。因此，电荷守恒定律虽稍微复杂一些，但仍然是非常简单的非数学性理论。你只需要把所有正电子和质子的数量加起来，再减去电子的数量。当然，还要其他带电粒子需计数，例如带负电的反质子、带正电的 π^+ 介子；事实上，自然界中的基本粒子都有电荷（可能是零）。我们只需要把所有粒子的电荷加起来，无论发生什么反应，反应前后的电荷总量必定是相等的。

这就是电荷守恒的一个方面。现在我们有一个有趣的问题：仅仅说电荷是守恒的就足够了吗，是否需要说得更详细一些？如果电荷守恒是因为它是一种真实且可移动的粒子，那么它就有一个非常特殊的性质。盒子里电荷的总量可能以两种方式保持不变。一种方式是电荷在盒子内从一个地方移动到另一个地方。另一种可能性是，电荷在一个地方消失的同时在另一个地方产生，这两者是瞬时相关的，而且总电荷始终保持不变。第二种电荷守恒的方式与第一种不同，因为如果电荷在一个地方消失并在另一个地方出现，那么一定有某种东西在两者之间传送。电荷守恒的第二种形式叫作局部电荷守恒，它比"总电荷不发生变化"这一简单说法要复杂得多。所以，你看，我们在完善我们的定律。如果电荷是局部守恒的，那它确实是守恒的。实际上，这是正确的。我一直在尝试向你们展示一些推理的可能性，以及如何把一个想法与另一个想法联系起来。现在，我想给你们讲一个论证，它基本上是由爱因斯坦提出的。它表明，如果某样东西是守恒的——在这个案例中，我把它应用于电荷——它必须是局部守恒的。这个论证基于一个事实：如果两个人在太空飞船里擦肩而过，那么哪个人是在移动，哪个人是静止的？这个问题通过任何实验都无法解决。这就是相对性原理：匀速直线运动是相对的，我们可以从任何一个观察者的角度来看待现象，但不能说哪个人静止，哪个人在移动。

假设我有两艘太空飞船，A 和 B（图 3-2）。我将从 A 飞船移动经过 B 飞船的角度来看问题。记住，这只是我的看法，你也可以换个角度看，最后看到的自然现象是一样的。现在，假设处于静止状态的人（我们假设是 B 飞船的人）想要争论，是否他看到飞船一端的电荷消失，同时另一端的电荷会出现。为了确保这两个事件发生在同一时刻，他不能坐在飞船的前端，因为他会先看到一个电荷，再看到另一个，因为光的传播有时间延迟。所以，我们假设他会非常小心地坐在飞船的正中央。另有一个人在另一艘飞船（A 飞船）上做同样的观察。现在，一道闪电击中了 A 飞船的 x 点，电荷在这个点被创造出来；在飞船另一端的 y 点，电荷被湮灭；这两件事情同时发生。请注意，这完全符合我们关于电荷守恒的概念：如果我们在一个地方失去一个电子，我们会在另一个地方得到一个，但中间没有任何物质通过。假设当电荷消失时会有一道闪光，当电荷产生时也会有一道闪光，这样我们就能看到发生了什么。B 说，两个事件同时发生，因为他知道自己在飞船的正中间，从 x 点闪电产生的光和从 y 点湮灭产生的闪光几乎同时到达他那里。因此 B 说："是的，当一个电荷消失时，另一个电荷就被创造出来了。"但另一艘飞船（A 飞船）上的朋友怎么说呢？他说："不，你错了，我的朋友。我看到 x 在 y 之前被创造出来。这是因为他朝 x 飞船方向移动，所以 x 点的光要比 y 点的光走得更短，因为他正在远离 y 点。"他可以说："不，x 先被创造出来，然后 y 消失了，所以在 x 被创造出来至 y 消失之前的短暂时间里，我得到了一个电荷。这不是电荷守恒，这是违反定律的。"但第一个人（B 飞船里的人）说："是的，但你在运动。"然后他说："你怎么知道？我认为是你在运动。"假设我们无法通过任何实验看出在运动和不运动的情况下物理定律是否有区别，那么如果电荷守恒不是局部的，就只有某一类人能看到电荷守恒成立，那就是静止不动的那个人，即绝对意义上的静止。但根据爱因斯坦的相对性原理，这种情况是不可能发生的，因此电荷守恒不可能是非局部的。电荷守恒的局部性与相对论理论是一致的，事实证明，所有守恒定律都遵循这一原则。你可以理解为，如果某种东西是守恒的，那么同样的原则都适用。

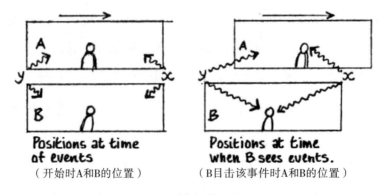

Positions at time of events
（开始时A和B的位置）

Positions at time when B sees events.
（B目击该事件时A和B的位置）

图 3-2

关于电荷，还有一件非常有趣且奇怪的事情，直至今天我们对此还未能作出真正合理的解释。它与守恒定律无关，是独立于守恒定律之外的。电荷总是以单位形式存在。当我们有一个带电粒子时，它的电荷可能是正一个单位、正二个单位、负一个单位或负二个单位等。回到我们之前讨论的表格，虽然这与电荷守恒没有直接关系，但我必须写下来：守恒的东西是以单位形式存在的。它以单位的方式出现非常好，因为这使得电荷守恒理论非常容易理解——它就像是一个我们可以计数的东西，可以从一个地方移动到另一个地方。最终，技术上我们可以很容易地通过电的方式来确定物体的总电荷，因为电荷有一个非常重要的特性——它是电场和磁场的来源。电荷是物体与电场相互作用的度量。所以，我们应该把"电荷是场的来源"这一点加入清单中。换句话说，电学与电荷是相关的。因此，电荷作为一个守恒的量，它有两个其他方面的特点，虽然这两个特点与守恒本身没有直接关系，但仍然非常有趣。其一，电荷是以单位形式出现的，其二，电荷是场的来源。

有很多守恒定律，我接下来会给出一些和电荷守恒类似的定律，这些定律的本质也是计数问题。比如有一个叫作"重子守恒"的定律。一个中子可以变成一个质子。如果我们把每个中子或质子当作一个单位，或者说一个重子，那么重子的数量就不会改变。中子携带一个重子电荷单位，或者说它代表一个重子，质子同样代表一个重子——我们所做的就是计数，然后给它们取一些复杂的名字罢了！所以，如果我所说的这种反应发生了，也就是中子衰变成质子、电子和反中微子，重子的总数是不变的。然而，自然界中也有其他的反应。例如，两个质子可以产生各种奇怪的物质，比如一个 λ 粒子、一个质子和一个 K^+ 粒子。λ 粒子和 K^+ 粒子是一些特殊粒子的名称。

$$\text{(easy) } P+P \rightarrow \quad \lambda + P + K^+$$
（容易发生）

在这个反应中，我们知道输入了两个重子，但只观察到一个重子出来，所以可能 λ 粒子或 K⁺ 粒子其中一个携带了重子。如果我们进一步研究 λ 粒子，会发现它非常缓慢地衰变成质子和 π 介子，最终这个 π 介子再衰变成电子和其他粒子。

$$\text{(slow) } \lambda \rightarrow P + \pi$$
（缓慢发生）

这里我们看到重子又回到了质子中，所以我们认为 λ 粒子的重子数是 1，而 K⁺ 粒子没有重子，它的重子数是 0。

守恒定律表上有电荷守恒，现在有一个类似的情况涉及重子数守恒。重子数的特殊规则是：重子数等于质子的数量，加上中子的数量，再加上 λ 粒子的数量，减去反质子的数量，减去反中子的数量，以此类推。这只是一个计数问题。它是守恒的，且带有单位，虽然没有人知道它的具体来源，但是每个人都想通过类比推断出它是某种场的来源。我们之所以做这些表格，是因为我们在尝试推测核相互作用的规律，这也是我们快速推测自然规律的一种方式。如果电荷是某种场的来源，而重子在其他方面也做着类似的事情，那么它也应该是某种场的源头。可惜的是，到目前为止，它的表现似乎并不符合。虽然有可能，但也许是我们了解得还不够，目前无法确定。

还有一两条类似的计数规则，比如轻子数等，但它们的思路和重子数是一样的。不过，有一个规则稍微不同。自然界中这些奇异粒子有各自特定的反应速率，其中一些反应非常快速且容易，而另一些则非常缓慢且困难。我这里说的"容易"和"困难"并不是指实验技术上的难度，而是指这些粒子发生反应的速率。有两个我提到的反应——质子的衰变和 λ 粒子的衰变，在反应速度上有明显区别。事实上，如果你只考虑那些快速且容易的反应，那么就有一个额外的计数法则。在这个法则中，λ 粒子的数值为 –1，K^+ 的数值为 +1，而质子的数值为 0。这条法则被称为奇异数法则，或者叫作超子电荷法则（hyperon charge），它似乎对于所有快速的反应来说是守恒的，但对于那些较慢的反应则不成立。因此，在表格上，我们必须加上一条叫作奇异数守恒的定律，或者说超子数守恒定律，虽然这条定律并不完全准确。这是非常特别的，我们也可以理解为什么这个量被称为"奇异性"。它几乎是守恒的，而且它的单位是固定的。在试图理解涉及核力的强相互作用时，有一个量是守恒的，由此人们提出这可能也是强相互作用的场源，但我们还不能确定。我提出这些问题，是想向你们展示守恒定律是怎么帮助我们推导新的物理定律的。

还有一些守恒定律时不时被提出，它们和计数法则的性质相似。例如，化学家曾经认为，不管发生什么，钠原子的数量总保持不变。但实际上，钠原子的数量并不是永恒不变的。一种元素的原子可以转变成另一种元素，从而使原来的元素完全消失。人们曾一度相信另一条定律，即物体的总质量保持不变。这取决于你如何定义质量，以及是否考虑到能量的影响。质量守恒定律实际上包含接下来我要讨论的定律——能量守恒定律。在所有守恒定律中，涉及能量的守恒定律是最复杂和抽象的，但同时也是最有用的。它比我之前描述的那些定律更难理解，因为在电荷等守恒定律中，机制是明确的，基本上是守恒物体的数量。而能量的守恒则不是完全如此，因为我们可以从旧事物中得到新事物，但本质上它仍然是一个"计数"的问题。

能量守恒稍微复杂一些，因为这次我们讨论的是一个不会随时间变化的量，但这个量并不代表任何特定的东西。我想用一个有点简单的比喻来帮助解释一下这个问题。

我想让你们想象一个场景：一个妈妈把她的孩子独自留在房间里，房间里有 28 个完全不可能被摧毁的积木。孩子整天玩这些积木，当妈妈回来时，她发现积木确实还是 28 个；她检查了一下，确认积木数量保持不变。这种情况持续了好几天，然后有一天，当妈妈进来查看时，她发现积木只剩下 27 个了。不过，她发现有一个积木被扔到了窗外，原来是孩子把它扔了出去。你首先需要明白的是，关于守恒定律，你必须确保你检查的东西不会跑出窗外。类似的事情也可能反过来发生，比如如果有个男孩进来和孩子一起玩，并带来了一些积木。显然，当你谈到守恒定律时，必须考虑到这些情况。假设有一天，妈妈来数积木时，发现只剩下 25 个积木了，但她怀疑孩子把另外 3 个积木藏在了一个小玩具箱里。于是她说："我要打开这个箱子。"孩子说："不行，你不能打开箱子。"妈妈非常聪明，她会说："我知道这个箱子空的时候重 16 盎司①，每个积木重 3 盎司，所以我可以称一称这个箱子的重量。"于是，妈妈把积木的总数加起来，结果还是28 个。

$$\text{No. of blocks seen} + \frac{\text{Weight of box} - 16\text{oz.}}{3\text{oz.}}$$

$$看到积木块的数目 + \frac{盒子的重量 - 16盎司}{3盎司}$$

这种方法一开始挺有效，但后来有一天，计算结果不对了。不过，她注意到水槽里的脏水水位在变化。她知道当水槽里没有积木时，水深是 6 英寸，如果放 1 个积木，水位会上升半英寸。于是，她又增加了一个新条件，将结果再加起来，还是 28 个。

---

① 1 盎司 ≈ 28.3495 克。

$$\text{No. of blocks seen} + \frac{\text{Weight of box} - 16oz.}{3oz.} + \frac{\text{Ht. of Water} - 6in.}{\frac{1}{4}in.}$$

$$看到积木块的数目 + \frac{盒子的重量 - 16盎司}{3盎司} + \frac{水面高度 - 6英寸}{1/4英寸}$$

随着男孩越来越聪明，妈妈也变得更加机智，她必须在她的运算中添加更多的元素，这些元素都代表着积木；但从数学的角度来看，它们是抽象的计算，因为这些积木是看不见的。

现在我想用这个比喻来解释一下，能量守恒和我们刚才讲的积木守恒之间有什么相同和不同之处。首先，假设在所有这些情况中，你从来没有看到过任何积木，"看到的积木数目"这个概念就永远不会被提到。那么，妈妈就会一直计算很多项，比如"箱子里的积木数""水中的积木数"等等。但对于能量，有一个不同之处，就是能量不是积木，至少根据我们的观察，能量并不像积木那样能被直接看到。此外，不同于积木，对于能量来说，计算出来的数值通常不是整数。我猜想，可能有一天这位可怜的母亲在计算某一项时，结果会是 $6\frac{1}{8}$ 块积木；而在计算另一项时，结果会是 $\frac{7}{8}$ 块积木，其他项的计算结果是 21 个积木，最后这些加起来还是 28 个。这就是涉及能量的情况。

我们发现能量有一套规则，遵循着一系列的规律。从每一个不同的规则出发，我们可以计算出每种不同类型能量的数值。当我们把所有能量的数值加在一起时，无论是何种形式的能量，总和总是相同的。但就目前所知，能量并没有具体的单位，也没有像小钢珠那样的实物。能量是抽象的，完全是数学上的概念，简单来说就是有一个数值，任何时候计算的结果都不会改变。我只能这样解释能量。

能量有各种各样的形式，类似于盒子里的积木、水里的积木，等等。比如，运动产生的能量叫作动能，因重力相互作用产生的能量叫作重力势能，还有热能、电能、光能、弹簧中的弹性势能等。除此之外，还有化学能、核能；还有一种能量是粒子由于其自身的存在而具有的，这种能量直接取决于粒子的质量。这最后一种能量是爱因斯坦的贡献，正如你们都知道的，$E=mc^2$ 就是我现在讲的这条定律的著名方程式。

尽管我提到了许多不同形式的能量，我还是想解释一下，虽然我们还不能对所有能量都有完整的理解，但我们确实知道其中一些能量之间是如何相互联系的。举个例子，我们所说的热能在很大程度上仅仅是物体内部粒子运动的动能。弹性势能和化学能有着相同的来源，那就是原子之间的相互作用。当原子以新的方式重新排列时，某些能量发生了变化，如果这种变化发生了，就意味着其他某些能量也必须发生变化。例如，当你燃烧某物时，化学能发生了变化，而你会发现原本没有的热量突然出现了，因为所有的变化最终必须是平衡的。弹性势能和化学能都是原子间相互作用的结果，而我们现在理解这些相互作用是由两种能量组成的，一种是电能，另一种则是动能，只不过这次需采用量子力学的公式。光能实际上就是电能，因为现在光被解释为一种电磁波。核能不能用其他形式的能量来表示，目前我只能说它是核力的结果。我这里讲的并不仅仅是核能释放的能量。比如说，在铀的原子核中有一定量的能量，当原子核发生裂变时，核内剩余的能量发生了变化，但世界上的总能量并没有改变，所以在这个过程中会产生大量的热量和其他物质，以保持能量的平衡。

这个能量守恒定律在许多技术领域中非常有用。我将给你们举一些简单的例子，展示如何通过了解能量守恒定律以及计算能量的公式来理解其他定律。换句话说，许多其他的物理定律并不是独立存在的，而只是能量守恒的一种"隐秘说法"。最简单的例子就是杠杆定律（图 3–3）。我们有一个杠杆，它绕一个支点转动，一个臂的长度是 1 英尺，另一个臂的长度是 4 英尺。首先我需要给出重力势能的定律：如果你有多个物体，每个物体的重量乘以它距离地面的高度，然后把这些结果加在一起，就能得到重力势能的总和。假设我在长臂的一端放了一个 2 磅 ① 重的物体，另一端放了一个未知的神秘物体——我们总是用 X 来代表未知量，所以我们把它叫作 W，这样似乎比通常的说法更有趣！现在问题是，W 必须是多少，才能让杠杆保持平衡，并且能够平稳地来回摆动，不产生任何问题？如果杠杆能平稳地来回摆动，这意味着不管杠杆是平行于地面，还是倾斜到 2 磅重的那个物体高出地面 1 英寸，能量始终是相同的。如果能量相同，那么无论杠杆怎么倾斜，它都不会翻倒。如果 2 磅重的物体升高 1 英寸，那么 W 会下降多少呢？从图 3–3 中你可以看到，如果 AO 是 1 英尺，OB 是 4 英尺，那么当 BB' 是 1 英寸时，AA' 就会是 1/4 英寸。现在应用重力能量的定律。开始时，所有的高度都是 0，因此总能量为 0。发生变化之后，为了计算重力能量，我们把 2 磅重物体的重量乘以 1 英寸的高度，再加上未知物体 W 的重量乘以它的高度——假设它下降了 1/4 英寸。这两项加起来的总能量必须和开始时一样，都是 0。因而有：

$$2 - \frac{W}{4} = 0, \text{ so } W \text{ must be } 8$$

（因而 W 必定是 8）

这是我们理解杠杆定律的一种方式，当然你们已经知道这个定律了。但有趣的是，不仅仅是杠杆定律，实际上成百上千个其他的物理定律也可以与各种形式的能量密切相关。我举这个例子仅仅是为了说明这个定律的实用性。

---

① 1 磅 ≈ 0.454 千克。

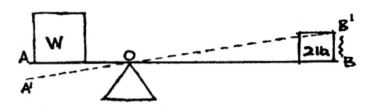

图 3-3

唯一的问题是，实际上它并不完全适用，因为支点处的摩擦力会影响结果。如果我有一个物体在运动，比如一个球沿着一定高度滚动，最终会因为摩擦力而停下来。那么，球的动能去了哪里呢？答案是，球的运动能量转化成了地面和球内部原子的振动能量。我们在宏观世界中看到的物体看起来像一个光滑的圆球，但当我们从微观角度观察时，它实际上是非常复杂的：它由数十亿个微小的原子组成，形状各异。就像是我们仔细观察的一块非常粗糙的巨石，它是由原子这些小球组成的。地面也是如此，它是由一个个小球组成的崎岖表面。当你把这个巨大的石块滚过放大后的地面时，你会看到这些小原子不断地抖动。等到石块滚过去后，留下的原子仍然会因为经历了推挤和碰撞而稍微振动；所以，地面上就剩下了这些微小的振动，或者说是热能。最初看起来好像能量守恒定律不成立，但能量往往会躲起来，我们需要用温度计和其他仪器来确认它是否还存在。事实证明，无论过程多么复杂，能量始终是守恒的，即使我们不知道详细的规律。

能量守恒定律的首次验证并不是由物理学家完成的，而是由一位医学专家做的。他用老鼠做了实验。你可以通过燃烧食物来测量产生的热量，然后把同样数量的食物喂给老鼠，它们会在有氧气的情况下将食物转化为二氧化碳，就像燃烧一样。当你在这两种情况下测量能量时，你会发现，生物和非生物做的事情是一样的。能量守恒定律对于生命现象同样适用，就像对其他现象一样。顺便说一下，所有我们知道的适用于无生命体的定律或原理，在生命现象中也同样有效。就物理定律而言，目前还没有证据表明，生物体内发生的过程必然与非生物体内发生的过程有所不同，尽管生物体可能要复杂得多。

食物中的能量表明它能产生多少热量、机械功等，是用卡路里来衡量的。当你听到"卡路里"时，你并不是在吃叫作"卡路里"的东西，卡路里只是用来衡量食物中热量的一种单位。物理学家有时候会觉得自己机智聪明、高人一等，以至于其他人总想找机会揪住他们的小辫子。我给你们一个机会，可以让他们露出马脚：他们应该为自己以众多不同方式、用不同名称来获取和测量能量的做法感到无比羞愧。能量能用卡路里、焦耳、电子伏特、英尺磅、英热单位、马力小时、千瓦时来衡量——这些其实都是在衡量完全相同的东西。这就像是用美元、英镑等不同货币来表示钱；但不同的是经济中的汇率可能会变化，而这些看似"傻乎乎"的单位之间的比例则是完全固定的。如果要找个类似的例子，那就像是"先令"和"英镑"——1英镑永远等于20先令。但是，物理学家存在的复杂化问题是，他们并不直接用20这样简单的数字，而是使用像1.6183178这样的无理数来表示1个英镑的"先令"。你会以为，至少那些更现代、理论更高深的物理学家会使用统一的单位，但你会发现，许多论文中仍然用开尔文来测量能量，或者用兆赫；甚至现在有了"反费米"这种最新发明。对于那些想要证明物理学家也是普通人的人来说，证据就是这些测量能量的荒唐单位。

自然界中有许多有趣的现象给我们提出了一些关于能量的奇怪问题。最近，人们发现了一种叫作类星体（quasar）的天体，它们距离我们非常遥远，并且以光和无线电波的形式辐射出大量的能量。问题是，这些能量到底来自哪里？如果能量守恒定律是正确的，那么类星体在辐射出如此巨大的能量之后，它的状态一定会与之前不同。问题是，这些能量是来自引力能吗？也就是说，类星体是否因为引力作用而发生了坍缩，进入不同的引力状态？还是这些巨大的辐射来自核能？目前没人知道答案。你可能会提出，或许能量守恒定律本身就是错的。嗯，当我们像研究类星体那样对某个事物了解得不够深入时——类星体距离太远，天文学家很难清楚地观察到它们——如果这类事物似乎与基本物理定律发生冲突，通常并不是这些基本定律错了，而是因为我们还不了解其中的细节。

另一个能量守恒定律的有趣例子是在中子衰变成质子、电子和反中微子的反应中。最初，人们认为中子会转变成质子和电子，但通过测量所有粒子的能量，人们发现质子和电子加起来的能量并不等于一个中子的能量。这时有两种可能性。一种是能量守恒定律可能不正确。事实上，玻尔[1]曾一度提出，也许能量守恒定律只在统计意义上成立，即对于平均值是正确的。但现在看来，另一种可能性才是正确的，那就是能量不相等的原因是还有其他东西被释放出来，这就是我们现在所说的反中微子。这个反中微子的释放带走了多余的能量。你可能会说，反中微子存在的唯一目的就是为了让能量守恒定律成立。但事实上，它不仅使能量守恒成立，还使动量守恒等其他守恒定律成立，而且最近，科学家已经直接证明了反中微子的确存在。

这个例子引出了一个问题：我们怎么能把我们的定律推广到那些我们不确定的区域呢？为什么我们这么有信心认为，既然我们已经验证了能量守恒定律，那么当我们遇到新的现象时，就能说它一定要遵循能量守恒定律呢？有时你会在报纸上看到，物理学家发现他们最喜

---

[1] 尼尔斯·玻尔（Niels Bohr），丹麦物理学家。

欢的某个定律是错误的。那么，能不能在你还没有观察过的区域里思考某个定律是正确的还是错误的呢？如果你从来不敢说某个定律在你还没有观察过的地方是成立的，那么你什么也不知道。如果你只相信你已经观察到的定律，那么你就永远无法做出预测。科学的唯一意义就是不断探索和尝试做出猜测。因此，我们总是敢于冒险。而对于能量来说，最有可能的情况是它在其他地方也是守恒的。

当然，这意味着科学本身是充满不确定性的；一旦你对一个你未曾直接观察过的领域提出假设，你就必须承认它的不确定性。但我们必须对那些我们未曾直接观察过的领域做出判断，否则整个科学研究就毫无意义。例如，物体在运动时，它的质量会发生变化，这是因为能量守恒定律。由于质量和能量之间的关系，物体运动时产生的能量表现为额外的质量，所以物体在运动时会变得更重。牛顿曾认为并不是这样，认为质量保持不变。当后来发现牛顿的观点有错误之时，大家纷纷感叹，物理学家发现自己错了，这真是太可怕了。那么，为什么他们曾经认为自己是对的呢？其实这种效应非常小，只有当物体接近光速时才会显现出来。如果你旋转一个陀螺，它的质量和不旋转时几乎完全相同，差别微乎其微。那么他们应该说"如果你不让物体的速度超过某个数值，它的质量就不会发生变化"吗？那样的话就能确保结果了，对吧？并不是，原因是如果实验仅仅在木头、铜或钢制的陀螺上进行，他们就不得不说："在木头、铜和钢做的陀螺上，当它们的速度不超过某个数值时……"你看，我们并不知道实验所需的所有条件，甚至还不清楚放射性陀螺的质量是否会守恒。因此，我们必须做出一些假设，才能让科学有意义。为了避免只是描述已经做过的实验，我们必须提出超出观察范围的定律。尽管这让科学变得不那么确定，但这并没有错。如果你之前认为科学是确定的——那只不过是你的一种误解。

那么，回到我们列出的守恒定律清单，我们可以加入"能量"这一项。就我们所知，能量是完全守恒的，它没有特定的单位。现在的问题是，能量是否场的来源？答案是肯定的。爱因斯坦将引力阐释为由能量所激发。能量和质量是等价的，因此牛顿关于"质量产生引力"的经典解释，已经被修正为"能量产生引力"。

还有一些类似于能量守恒定律的定律，它们也是以量的形式体现的。其中之一就是动量。动量的计算方法是，把物体的所有部分的质量分别乘以它们各自的速度，然后将这些乘积的结果加在一起，得到的总数就是所有粒子的动量，而动量的总量是守恒的。现在我们知道，能量和动量之间有着非常密切的关系，所以我把它们放在了表格的同一列中。

另一个守恒量的例子是角动量，这是我们之前讨论过的概念。角动量是物体运动时每秒所扫过的区域产生的量。例如，如果我们有一个运动的物体，并且取任何一个中心点，那么从中心点到物体的连线所扫过的区域的加速度乘以物体的质量，所得总量就是角动量（图3-4）。这个量是守恒的，因此我们称其为角动量守恒。顺便提一下，如果你对物理学了解很多，乍一看你可能会认为角动量并没有守恒。像能量一样，角动量也有不同的表现形式。正如我将要说明的那样，虽然大多数人认为角动量只出现在物体运

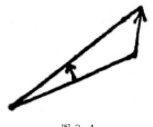

图 3-4

动中，但它也会以其他形式出现。如果你有一根平放着的环形电线，把一块磁铁自下而上地插进去以增加穿过电线的磁通量，就会产生电流——这就是发电机的工作原理。想象一下，把电线换成盘子，上面

的电荷与电线上的相似（图3-5）。现在，我把一块磁铁沿着盘子轴线的远端迅速移动到中心位置，这样磁通量就发生了变化。然后就像在电线中一样，电荷开始沿着盘子旋转，如果盘子是装在车轮上的，它就会开始转动。这看起来似乎不符合角动量守恒定律，因为当磁铁远离盘子时没有东西在转动，而当磁铁靠近时，盘子却开始转动了。我们得到的是"空转"，这似乎违反了物理定律。"哦，是的，"你说，"我知道，肯定有某种其他的相互作用力让磁铁反向旋转。"但事实并非如此。磁铁没有受到使它倾向于朝相反方向转的电力作用。这种现象的解释是，角动量有两种形式：一种是运动的角动量，另一种是电磁场中的角动量。在磁铁周围的电磁场中也有角动量，尽管它没有表现为运动，并且它的方向与圆盘旋转方向相反。如果我们换一个角度来看，这就更清楚了（图3-6）。

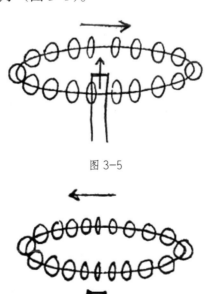

图 3-5

图 3-6

如果我们把粒子和磁铁放置得很近，而且一切都静止不动，那么我说在磁场中存在的角动量是一种隐性的角动量，它并没有表现为实际的旋转。当你把磁铁拉下来远离圆盘时，所有的场就会分离，角动量随之显现出来，盘子开始旋转。让盘子旋转的原理是电磁感应定律。

关于角动量是否有单位的问题，我很难给出确切的回答。乍一看，似乎角动量不可能以单位来衡量，因为角动量的大小取决于你观察物体的方向。你是在看一个面积的变化，而显然这个面积的变化会因为观察角度的不同而有所不同。如果角动量真的是以基础单位来表示的，假设你看某个物体，它显示的是 8 个单位，那么如果你稍微改变一下观察角度，得到的单位数可能会稍微少一点，可能是 7.9 个单位。但 7 个单位并不是 8 个单位的"少一点"，它少了一个可观的量。所以，角动量是不可能以单位来衡量的。然而，量子力学微妙且奇怪地避开了这个推理。令人惊讶的是，如果我们围绕任何轴来测量角动量，结果总是一个整数单位。它不像电荷那样的单位，你可以一个一个数出来。角动量的单位在数学意义上是存在的，即我们每次测量得到的结果总是一个确定的整数乘以某个单位。但是，我们不能像电荷那样将这些单位当作独立的单位来理解———一个单位再一个单位，以此类推。对于角动量，我们不能把它们看作独立的单位，但它却总是以整数的形式出现……这非常特别。

还有其他的守恒定律。它们没有我前面提到的那些守恒定律那么有趣，也不完全是关于"数值守恒"的。假设我们有一种装置，里面的粒子按照某种特定的对称性规则运动，假设它们的运动是左右对称的（图 3-7）。那么，根据物理定律，考虑到所有的运动和碰撞，你可以预想，如果稍后你再观察同样的场景，它仍然会保持左右对称。

因此，这里有一种守恒——对称性的守恒。这个守恒应该出现在列表里，但它不像数字那样可以直接测量，我们将在下次讲座中详细讨论。在经典物理学中，这个守恒定律不太有趣，因为有如此精确对称的初始条件的情况非常少见，因此它并不是一个特别重要或实用的守恒定律。然而，在量子力学中，当我们处理像原子这样的简单系统时，它们的内部结构往往具有某种对称性——比如左右对称性，然后这种对称性就会被保持住。因此，这个定律对于理解量子现象是非常重要的。

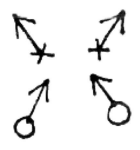

图 3-7

一个有趣的问题是，这些守恒定律是否有更深刻的依据，或者我们是否只能接受它们本来的样子？我将在下次讲座中讨论这个问题，但现在有一点我想先提出来。在大众化的讨论中，这些概念似乎是彼此独立的，但是如果我们深入理解这些不同的原理，就会发现它们之间有着深刻的联系，每个概念在某种程度上都暗示着其他概念的存在。一个例子是相对论与局部守恒之间的关系。如果我没有做示范而直接说出这一点，你可能会觉得这像是一个奇迹：如果你无法知道自己运动的速度，这就意味着如果某种东西是守恒的，它就不会从一个地方突然跳到另一个地方。

在这一点上，我想说明一下角动量守恒、动量守恒以及其他一些原理之间的关系。角动量守恒与粒子所扫过的面积有关。如果你有很多粒子（图 3-8），并且把参考点（x）选得非常远，那么每个物体到这个点的距离几乎是相同的。在这种情况下，影响角动量守恒的唯一因素就是物体运动的垂直分量。我们发现，每个质量乘以垂直速度之和必须保持不变，因为在任何一点的角动量都是一个常数。如果选择的参考点足够远，那么只有质量和速度是相关的。通过这种方式，角动量守恒实际上暗示了动量守恒。而动量守恒又暗示了另一个非常紧密相关的原理，虽然它与动量守恒关系极为密切，我在表格中没有特别列出——这就是关于重心的原则（图 3-9）。

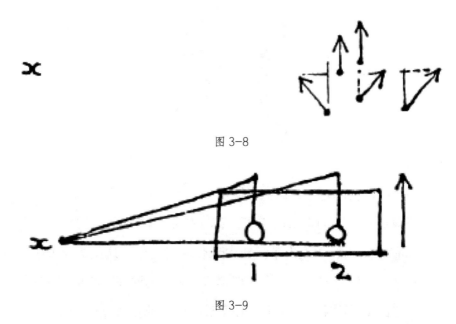

图 3-8

图 3-9

一个有质量的物体在一个密闭盒子里，不会从一个位置消失然后自行移动到另一个位置。这与质量守恒没有关系，质量依然存在，它只是从一个地方移动到另一个地方而已。只是电荷可以做到，但质量不行。让我解释一下为什么。物理定律不受物体运动的影响，所以我们可以假设这个盒子正在慢慢向上漂移。现在，我们从一个离它不远的参考点（记作 x）来看角动量。随着盒子向上漂移，如果盒子里的物体在位置 1 静止，那它将以一定的速率扫过一个面积。等到物体移动到位置 2 时，面积的增速会更大，因为尽管盒子的高度没变（因为盒子依然在向上漂移），但是物体与 x 点之间的距离增加了。根据角动量守恒，你不能改变面积变化的速率，因此你不能凭空把一个物体从一个地方移动到另一个地方，除非你推动其他东西来平衡角动量。这就是为什么火箭在太空中看似无法前进的原因——但它们确实在前进。如果你把多个物体算作一个整体，那么如果想让某个物体往前推进，你就必须把其他物体向后推回，这样所有物体的前后运动量的总和就为零。这就是火箭的工作原理。开始时，火箭静止在太空中，然后它从尾部喷出一些气体，火箭就向前推进了。关键是，在世界上所有的物质中，质心（即所有质量的平均值）仍然位于它原来的位置。有趣的部分已经向前移动了，而我们不在乎的、无趣的部分则退了回来。并没有哪个定理说世界上的有趣之物是守恒的——只有全体事物的总和才是守恒的。

发现物理定律的过程就像是在拼一幅拼图。我们有很多不同的拼图块，而且它们的数量迅速增加。许多拼图块散落在四周，看起来不能和其他的拼接在一起。那么，我们怎么知道它们是属于同一幅画的呢？怎么知道它们真的都是那幅尚未完成的画的一部分呢？我们并不确定，这在某种程度上让我们感到困惑，但我们从一些拼图块的共同特征中获取了信心。例如，它们都有蓝天白云，或者它们都是由同样种类的木材做成的。正如所有这些不同的物理定律都遵循相同的守恒原则。

第 4 章

物理定律中的对称性

人类似乎对对称性十分着迷。我们喜欢观察自然界中的对称物体，如行星和太阳这样的完美球形，或者像雪花这种几乎对称的晶体，还有近似对称的花朵。然而，我要在这里讨论的不是自然界中物体的对称性，而是物理定律本身的对称性。一个物体有对称性是很容易理解的，但物理定律怎么可能有对称性呢？当然，它没有，但物理学家喜欢用一些普通的词汇来表达别的意思。在这种情况下，他们对物理定律有一种感觉，这种感觉非常接近于物体的对称性。他们称之为定律的对称性。这就是我要讨论的东西。

什么是对称性？如果你观察我，我是左右对称的，对吧？至少外表上是这样。一个花瓶也能够以同样的方式或以其他方式对称。你怎样定义它？我是左右对称的，这个事实意味着，如果你把我身上一侧的所有东西放在另一侧，而另一侧的东西放到这一侧来，也就是说，如果你只是交换两边东西的位置，我看上去和交换之前一模一样。正方形有一种特殊的对称性，如果把它旋转90度，它看起来也和旋转之前一模一样。数学家赫尔曼·外尔[①]教授给了对称性一个很好的定义，即如果对某物进行某种操作，操作完成之后它看起来和操作前完全一样，那么这个东西就是对称的。我们说的物理定律是对称的就是这个意思：我们可以对物理定律做一些操作，或者对我们表达物理定律的方式做一些改变，这不会引起什么差别，物理定律的一切效果都保持不变。在本次讲座中，我们将重点关注物理定律的这一方面。

这种对称性的最简单例子被称为空间平移对称性，它和你可能想到的那些对称性（例如左右对称）都不一样。它的意思是，如果你

---

① 赫尔曼·外尔（Hermann Weyl），1885—1955，德国数学家。

建造任何一种装置，或者用一些东西做任何一种实验，然后在别的位置去建造相同的装置做相同类型的实验，即装置和实验都相同，不同之处只在于实验场所从一个地方平移到了另一个地方，那么在平移后的实验中发生的事情将与在原始实验中的相同。实际上这并不完全正确。如果我真的建造了这样一个装置，然后把它向左移动 20 英尺，这会撞到墙上，造成一定的困难。在定义这个概念时，必须考虑到可能影响实验结果的一切情况，以免当你移动装置时影响了实验结果。例如，如果实验装置涉及一个摆锤，把它水平向右移动 20000 英里，它就不会再正常工作了，因为地心引力会影响摆锤。然而，如果我把地球和装置一起移动，那么实验就将以相同的方式进行。这种情况下，你必须平移可能影响到实验的一切。这听起来有点愚蠢，因为听起来好像你只要把实验移动一下，如果它不起作用，你就可以认为你没有移动足够多的东西，所以你注定会成功。实际上并非如此，因为你注定会成功这一点并不是不言而喻的。自然的奇妙之处在于，我们可以移动足够多的因素，使得实验以同样的方式进行。这是一个肯定的陈述。

我想用一个例子来证明这件事。让我们以万有引力定律为例，根据万有引力定律，物体之间的引力与它们之间的距离的平方成反比；我还要提醒你，物体对力的响应是随着时间的推移在力的方向上改变其速度。如果我有两个物体，比如一个行星绕着太阳转，我将它们作为整体移动，那么这两个物体之间的距离当然不会改变，所以力也不会改变。此外，它们在移动后也将以相同的速度前进，所有的变化都一样，一切都将以完全相同的方式在前后两个系统中运行。定律中说"两个物体之间的距离"，而不是距离宇宙中心的绝对距离，这意味着定律可以在空间中平移。

那么，这就是第一个对称性——空间平移。下一个可以称为时间平移，但是对这个对称性更好的解释是时间延迟不会导致差异。我们让一颗行星沿着某个方向绕太阳运行；如果我们能在两小时后，或者两年后重新开始，让一模一样的行星以完全相同的方式绕太阳运行，那么它的行为将与现在开始的这颗完全相同。因为万有引力定律谈论的是速度，而不是你开始测量事物的绝对时间。实际上，在这个特定的例子中，我们的说法并不完全正确。当我们讨论万有引力时，谈到了万有引力随时间变化的可能性。这意味着时间平移不是一个有效的命题，因为如果万有引力的常数在10亿年后变得比现在弱，那么太阳和行星在10亿年后的运动与现在完全相同的说法就不是正确的。就我们今天所知（我只讨论了我们今天所知道的定律——我只希望我能讨论我们明天将知道的定律！），时间延迟不会导致差别。

我们知道这一方面并不是完全正确的。这对于我们现在所说的物理定律来说是正确的；但实际上（可能非常不同），宇宙看起来有一个明确的起始时间，在那一刻，一切都在爆炸中分开。你可以称之为一种地理条件，类似于我在空间平移时必须平移一切的情况。同样，如果说不同时间下的物理定律是相同的，我们也必须随着宇宙的膨胀而移动一切。我们本可以进行另一种分析，比如让宇宙起始的时间推迟；但我们不能启动宇宙，无法控制宇宙起始的时间，也没有用实验去验证它。因此，就科学而言，我们真的无话可说。事实是，世界上的各种条件似乎随着时间而变化，星系会随着时间的流逝而彼此分离，所以在某个科幻故事中，如果你在未知的时间醒来，通过测量星系之间的平均距离，你就可以知道自己所处的是什么时间。这意味着如果时间延迟，世界将会大不相同。

现在，我们通常将物理定律与对宇宙起源的描述分开。物理定律告诉我们事物在给定条件下如何移动，而我们对宇宙的起源知之甚少。通常认为物理定律与天文历史或宇宙历史略有不同。然而，如果被问到如何定义这种差异，我将很难回答这个问题。物理定律的最佳特征是其具有普适性，如果有任何东西是普适的，那所有星系的膨胀就是其中之一。因此，我没有办法定义这种差异。然而，如果我限制自己不去考虑宇宙的起源，只考虑已知的物理定律，那么时间延迟就不会造成区别。

让我们来看一些其他对称性定律的例子。其中一个是空间旋转，一种固定于一点的旋转。如果我在一个地方用一套装置做一些实验，然后再取另一套（可能需要被移到别的位置，以免妨碍实验）完全一样的，但是通过转动使得它所有的轴线都改变了方向，它也会以相同的方式运转。同样，我们也必须转动所有影响实验的东西。如果这套装置是一个落地大钟，你把它水平转动，那么摆锤就会靠在钟盒的壁上，无法工作。但是如果你把地球也转动了（地球无论何时都在转动），大钟仍然可以正常工作。

转动的可能性，这种数学描述是相当有趣的。为了说明情况，我们会使用数字来表示某物在哪里。这些数字被称为一个点的坐标，而我们有时使用三个数字来描述这个点离某个平面有多高，它在前面有多远，或者用负数表示在后面，以及它在左边多远。在这个例子中，我不需要顾及上下，因为对于旋转我只需要使用这三个坐标中的两个。让我们把我面前的距离称为 x，我左边的距离称为 y。然后我可以定位任何物体，说出它在我前面多远，在我左边离我多远。来自纽约市的人都知道，街道号码就是按照这样简洁的方法来命名的——或者说在他们为第六大道改名之前是这样的！旋转的数学概念是这样的：如果像我描述的那样，我通过 x 和 y 坐标定位一个点，而另一个人面向不同的方向以同样的方式定位这个点，但计算的是与他自己的位置相对的 x' 和 y'，那么你可以看到我的 x 坐标是他计算的 x' 和 y' 坐标的混合。两对坐标转换的方式是：y 变成了 x' 和 y' 的混合，而 y 变成了 y' 和 x' 的混合。自然定律应该这样写：如果你进行这样的混合变换，并重新将 x 和 y 代入方程，那么方程也不会改变它们的形式。这就是对称性以数学形式出现的方式。你用某些字母写出方程，然后用那样的方法将字母从 x 和 y 转换为不同的 x' 和 y'，得到的方程和原来的方程是一样的，只是 x 和 y 上面都有撇号。这正意味着对另一个和我面向不同角度的人来说，他所看到的实验结果与我从我面前的装置中所看到的结果相同（图 4-1）。

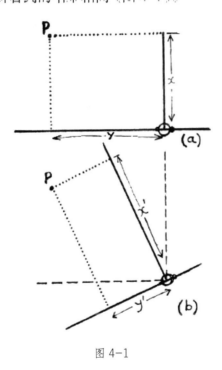

图 4-1

（a）点 P 与我的关系可以用两个数 x 和 y 来描述；x 表示 P 在我面前离我有多远，y 表示它在左边离我有多远。

（b）如果我站在同一个地方但转了个身，那么同一个点 P 的坐标可以用两个新的数字 x' 和 y' 来描述。

我想给出另一个非常有趣的关于对称性定律的例子。这是一个在直线上做匀速运动的问题。人们相信沿着一条直线做匀速运动时，物理定律是不变的。这被称为相对论原理。如果我们有一艘宇宙飞船，里面有一台正在运行的装置，而我们在地面上有另一台相似的装置，那么，如果宇宙飞船匀速前进，飞船里的人观察到飞船装置中的运行情况与我（静止站在地面上的人）观察到我的设备的情况没有任何不同。当然，如果他向外看，或者撞到了外面的墙壁之类的情况，那就是另一回事了；但只要他保持以均匀速度做直线运动，那么他看到的物理定律就和我看到的一样。既然如此，我就无法判断谁在移动。

在进一步讨论之前，我必须强调，在所有这些变换和对称性中，我们并不是在谈论移动整个宇宙。就时间延迟而言，如果我说我移动了整个宇宙的所有时间，那就相当于我什么也没说。同样，如果我将整个宇宙中的一切都拿到空间中的另一个位置，这也相当于我什么都没做。值得注意的是，如果我拿出一个装置的一部分并移动它，那么如果我能确保满足许多条件，并能够提供足够的装置，我就可以划分出世界的一部分，并把它相对于所有其他恒星的质量中心移动，这样做仍然不会使装置中进行的实验产生任何区别。在涉及相对性的情况下，这意味着如果相对于星云其余部分的质量中心做匀速直线运动，也不会对实验产生任何影响。换句话说，如果不向外看，从在匀速直线运动的汽车内做的实验的任何效应，都无法确定你是否相对于所有恒星在移动。

这个命题最初是由牛顿提出的。让我们用他的万有引力定律来举例。根据万有引力定律，力与距离的平方成反比，力产生速度的变化。现在假设我已经计算出一颗行星绕固定的太阳运行时的情况，而我想知道当行星围绕移动着的太阳运行时的情况，那么我在第一种情况下所有的速度和第二种情况下的速度都是不同的。在第二种情况中，我必须加上一个恒定的速度。但是定律是关于速度变化的陈述，所以发生的事情是，固定的太阳对行星施加的力与移动着的太阳对行星施加的力是相同的，因此两个行星的速度变化也将是相同的。所以我为第二个行星增加的额外速度只是让它继续保持匀速运动，而所有的变化都是在这个基础上累积的。数学计算的最终结果是，如果你加上一个恒定的速度，定律也将完全保持不变，因此我们不能通过研究太阳系和行星绕太阳的方式来判断太阳本身是否在太空中漂移。根据牛顿定律，这样的漂移对太空中行星绕太阳的运动没有影响，所以牛顿补充说："在空间中物体之间的相互运动是相同的，无论那个空间本身相对于固定恒星是静止的，还是在以直线上的均匀速度移动。"

随着时间的推移，人们在牛顿之后又发现了新的定律，其中包括麦克斯韦 [1] 发现的有关电学的定律。这些定律得出的结论是，电磁波比如说光，应当以正好 186000 英里 / 秒的速度行进。我的意思是，无论发生什么，光都会以 186000 英里 / 秒的速度前进。所以很容易就能看出哪里是静止的了，因为光以 186000 英里 / 秒的速度前进的定律肯定不是（初看起来）一个允许人以相同的速度移动而不产生任何效果的定律。很明显，如果你在一艘宇宙飞船上以 100000 英里 / 秒的速度朝某个方向前进，而我静止不动，并且你通过飞船上的一个小洞发射一道光束，光束以 186000 英里 / 秒的速度穿过小洞，那么由于你以 100000 英里 / 秒的速度前进，而光以 186000 英里 / 秒的速度前进，光对你来说似乎只以 86000 英里 / 秒的速度通过。事实证明，如果你做这个实验，光对你来说似乎仍以 186000 英里 / 秒的速

---

[1] 詹姆斯·克拉克·麦克斯韦（James Clerk Maxwell），1831—1879。剑桥大学第一位实验物理学教授。

度穿过飞船，并且对我来说似乎也以 186000 英里 / 秒的速度穿过！

自然界的一些事实并不容易理解，实验的结果如此明显地违背常识，以至于有些人仍然不相信其结果！但一次又一次的实验表明，无论你移动多快，光的速度都是 186000 英里 / 秒。而现在的问题是，这怎么可能呢？爱因斯坦和庞加莱[①]都意识到，如果一个移动的人和一个站立的人能够测量到相同的速度，唯一可能的解释就是因为他们对时间和空间的感知是不一样的，宇宙飞船里面的时钟与地面上的时钟走动的速率是不同的，等等。你可能会说："啊，但是如果我看着宇宙飞船里滴答作响的时钟，那么我就能看到它走得慢了。"不，你的大脑也慢下来了！所以若确保每一样东西都在宇宙飞船中运行，就有可能制定一个系统，使得在宇宙飞船里的光速看起来是 186000 英里 / 秒，而在地面上看起来也是 186000 英里 / 秒。这是一件需要非常精巧才能做到的事情，而令人吃惊的是，事实证明这是可能的。

我已经提到了这个相对论原理的一个后果，就是你无法判断自己在直线上移动的速度有多快。记得上次讲座中我们有两辆车 A 和 B（图 4-2）的例子，在 B 车的两端各发生一个事件。一个人站在 B 车里，两个事件（用 x 和 y 表示）在他车厢的两端同时发生，他声称两个事件同时发生，因为他站在车的中间，这两个事件发出（反射出）的光同时到达他的眼睛，他同时看到了这两件事的发生。A 车中的人相对于 B 车以恒定速度运动，他也看到了相同的两个事件，但并不是同时看到的，实际上他先看到了事件 x，因为事件 x 发出的光先到达他的眼睛——他正在向前移动着。你们看，关于匀速直线运动的对称性原理——这里的"对称性"意味着你无法判断谁的观点是正确

---

① 儒勒·昂利·庞加莱（Jules Henri Poincaré），1854—1912，法国科学家。

的——结果是：当我用"现在"谈论世界上发生的一切事情，那没有任何意义。如果你在沿直线以均匀速度移动，那么对你来说同时发生的事件，即使我们在我认为这些事件发生的瞬间相遇，对我来说也不是同时发生的。我们无法就远处发生的"现在"达成一致。这意味着为了维持直线上的均匀速度无法被检测到这一原理，我们必须深刻地转变自己对空间和时间的观念。实际上，这里发生的情况是，似乎是同时发生的两件事，如果它们不在同一地点，而是相距甚远，那么它们似乎并不是同时发生的。

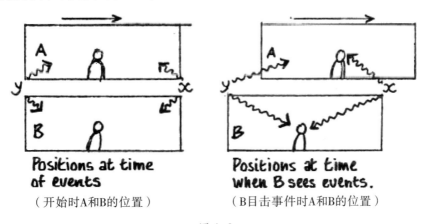

（开始时A和B的位置）　（B目击事件时A和B的位置）

图 4-2

你可以看到这与空间中的 x 和 y 坐标非常相似。如果我面对听众站立，那么讲台两端的墙对我来说是位于水平线上的。它们有相同的 x 坐标，但 y 坐标不同。但是，如果我转过 90°，从不同的视角看同样的两面墙，那么它们一面在我面前，另一面在我后面，它们的 x' 坐标已然不同。所以，从某个视角看似乎是同一时间发生（相同的时刻 t）的两个事件，从另一个视角看似乎又是在不同的时间发生（不同的时刻 t'）。因此，我所说的二维旋转被拓展至时空维度，使得时间被加到空间中，形成了一个四维世界。这不仅仅是一种人为的添加，就像大多数科普读物中所解释的那样，"我们为空间添加时间，因为你不仅要确定一个点的位置，还必须说出这个点在什么时候"。这是对的，但那不会形成真正的四维时空，那只是把这两个因素简单地放在一起。在某种意义上，真正的空间是独立于特定地点的，并且从不同的地点看"前后"坐标，是可以与"左右"坐标混合在一起的。以类似的方式，时间"未来—过去"的坐标可以与某种空间坐标混合在一起。空间和时间必然互相连接。闵可夫斯基在发现了这一点后说："如果仅仅是空间本身或时间本身，它们都将消退成阴影，只有它们之间的某种结合将留存下来。"

我之所以如此详细地举这个例子，是因为它确实是研究物理定律中对称性的开始。正是庞加莱建议进行这种分析，看看你可以对方程做什么而不会改变它们。庞加莱的态度是应关注物理定律的对称性。空间平移、时间延迟等对称性并不是很深刻，但是直线上的均匀速度的对称性非常有趣，并且能引出各种各样的结果。此外，这些结果还可以扩展应用到我们不知道的定律上。例如，通过猜测这一原则适用于 μ 介子的衰变，我们可以了解到我们不能用 μ 介子来测量我们在宇宙飞船中移动的速度有多快；这至少让我们知道一些关于 μ 介子衰变的事情，尽管我们不知道 μ 介子为什么会衰变。

还有很多其他的对称性，有些是完全不同的，我只会提到几种。其中一种是你可以将一个原子替换为另一个种类相同的原子，这对任何现象都没有影响。现在你可能会问："你所说的相同种类是什么意思？"我只能回答说，我的意思是"当我用另一个原子替换它时，结果不会有任何差别！"看起来物理学家总是在说废话，不是吗？有很多不同种类的原子，如果你将一个原子替换为另一个不同种类的原子，它会引起差别；但如果你用相同种类的原子替换另一个，它就不会引起差别，这看起来像是一个循环定义。但它真正的含义是存在相同种类的原子，你有可能找到同一组、同一类的原子，使得你可以用相同种类的另一个原子替换其中一个，并且不引起任何差别。由于任何一小块物质中的原子数量大约是 1 后面跟着 23 个 0，那么多的原子的一个重要性质是它们都是相同的，或者并不都是完全不同的，这非常重要。由于它们可以分为有限数量的几百种不同类型的原子，所以我们可以替换一个原子为相同种类的另一个原子，这一说法有丰富的意义。它在量子力学中具有最丰富的意义，但我不能在这里解释这一点，部分是因为这次讲座针对的是数学还未经训练的听众，但无论如何它都是相当微妙的。在量子力学中，你可以用相同种类的另一个原子替换一个原子，这一命题有着奇妙的结果。它产生了液态氦的奇怪现象，液态氦可以在不受阻力的情况下流过管道，并持续不断地流动。事实上，它是整个元素周期表的起源，也是阻止我穿过地板的力量来源。我不能详细解释这一切，但我想强调要注意这些原则的重要性。

讲到这里，你可能会相信所有的物理定律在任何变化下都是对称的，但现在我要举几个对称性不成立的例子。首先是大小的变化。如果你要建造一个装置，然后建造另一个装置，每个部分都用相同种类的材料做得完全一样，只是尺寸为原先的 2 倍大，想着它会以完全相同的方式工作，那是不行的。熟悉原子的人都知道这个事实，因为如果我把这个装置缩小 10 亿倍，就会使装置中只有五个原子，而我不能只用五个原子来做成一套装置。很明显，如果我们考虑到这种极端情况，那么显然不能改变尺度，但在完全认识原子结构之前，我们就已经发现这个定律明显是不对的。你可能在报纸上不时看到有人用火柴棒制作几层楼的教堂模型，模型里的一切都比任何哥特式大教堂更加哥特式，而且更加精致。为什么我们从来不用同样的方式，用巨大的原木建造大教堂，达到同样的极高的精细复杂程度？答案是，如果我们这样做，它就会因为太高太重而倒塌。啊！但是你忘了，当你比较两件事时，你必须改变系统中的所有东西。用火柴棒制作的小教堂被地球吸引，所以为了进行比较，大教堂应该受到一个更大的地球引力作用。太糟糕了。一个更大的地球引力会更强，建筑结构肯定会断裂！

物理定律在大小变化下没有对称性的事实最初是由伽利略发现的。在讨论杠杆和骨骼的强度时，他争论说，如果你需要为一只更大的动物，比如说为两倍高、两倍宽、两倍厚的动物装上骨骼，这只动物的重量将是原来的八倍，所以你需要的是能够承受八倍重量的骨骼。但是骨骼的承受强度取决于它的横截面，如果你让骨头变成两倍大，它只会有四倍大的横截面，也只能支撑四倍的重量。在伽利略的著作《两门新科学的谈话》（Two New Sciences）中，你会看到想象中巨大的狗的骨骼的图片，明显粗壮得比例失调。我想伽利略可能觉得发现物理定律在大小变化下没有对称性这一事实，其重要性不亚于他的运动定律，因为它们都被他收录进了《两门新科学的谈话》中。

另一个非对称定律的例子是，如果你在宇宙飞船中以均匀的角速度旋转，在这种情况下说你无法判断自己是否在转动，这是不正确的。你其实可以判断出来。我知道你可能会感到头晕。还有其他的效应，比如东西因离心力被甩到墙上（或者你想怎么描述它都行——我希望听众中没有大学一年级的物理老师纠正我！）。我们可以通过摆锤或陀螺仪来辨别地球是否在自转，你可能知道，各种天文台和博物馆都有所谓的傅科[①]摆，它无需观测天上的星星就能证明地球在自转。我们不用朝外看就可以通过摆锤或陀螺仪来辨别我们在地球上是否以均

[①] 让·贝尔纳·莱昂·傅科（Jean Bernard Léon Foucault），1819—1868，法国物理学家。

匀的角速度旋转，因为这样的运动会使物理定律发生变化。许多人提出，地球实际上是相对于各个星系旋转的，如果我们也让那些星系旋转，那就不会产生任何差别。嗯，我不知道如果你让整个宇宙都旋转起来会发生什么，并且目前我们没有办法知道。同样，我们目前还没有任何理论能够描述星系对这里的事物产生的影响，使得从这个理论中直接且自然地得出旋转的惯性、旋转的效应，以及一桶旋转的水的表面呈凹形的事实，是周围物体施加的力的结果。这一点是否属实尚不得而知。这种假设被称为马赫原理，但它是否成立尚未得到证明。更直接的实验问题是，如果我们以均匀速度相对于星云旋转，我们会看到任何效果吗？答案是肯定的。如果我们在宇宙飞船中以均匀直线的速度相对于星系移动，我们会看到任何效果吗？答案是否定的。这是两件不同的事。我们不能说所有的运动都是相对的，这不是相对论的内容。相对论说，相对于星云的匀速直线运动的速度是无法检测的。

接下来我想讨论的对称定律非常有趣，它有一段有趣的历史，那就是空间中的反射问题。我建造了一个装置，比如说一个时钟，然后在不远处建造了另一个时钟，它是第一个时钟的镜像。它们像一双手套的左右手一样彼此匹配；一个时钟朝一个方向拧紧发条，另一个时钟则向相反的方向拧紧，以此类推。我给两个时钟上好发条，将它们放在相应的位置上，然后让它们开始走动。问题是，它们会始终和彼此保持一样吗？一个时钟的所有机械装置的运转，都会和另一个时钟的镜像一样吗？我不知道你会怎么猜测。你可能会猜这是对的，大多数人确实这么认为。当然，我们不是在谈论地理学。在地理学中，我们可以区分左右。我们可以说，如果我们站在佛罗里达州面朝纽约，那么大西洋就在我们右边，这区分了左和右，而如果时钟需涉及海水才能工作，那么如果我们按照相反的方式构造它，它就不会工作，因为它的摆锤无法接触到水。在这种情况下，我们必须设想，在另一个时钟中，地球的地理特征也被翻转了，任何涉及的因素都必须被翻转。我们在这里不涉及历史。如果你在机械车间拿起一个螺丝，很可能它有着右旋螺纹，你可能会争论说，另一个时钟不会是一样的，因为你很难找到相反螺纹的螺丝。但这只是我们制造的东西有问题。总的来说，最先的猜测可能是没有东西造成任何区别。结果表明，根据万有引力定律，如果时钟靠重力驱动，那将不会造成任何差别。电和磁的定律是这样的，如果加上了电流和电线、电磁的部件，相应的时钟仍然可以正常工作。如果时钟借助普通的核反应来运转，那也不会有任何区别。但是有一些东西可以造成差别，我马上就会讲到这一点。

你们可能知道，将偏振光穿过水中可以测量水中糖的浓度。如果你放置一个偏振片，让光沿着某条轴投射到水中，你会发现当你观察光穿过浓度越来越大的糖水时，你必须把糖水另一头的偏振片向右转动越来越多，以便让光通过。如果你将光沿着相反的方向穿过溶液，它仍然是向右转。在这里就有了左和右的区别。我们可以在刚才的时钟中使用糖水和光。假设我们有一缸水，让光照进水缸，然后转动我们的第二块偏振片，以便光束刚好能够通过；然后假设我们在第二个时钟中做出相应的镜像布置，并希望光向左转。结果是它不会向左转；它仍然向右转，并且不能通过。通过糖水，我们的两台时钟就显示出了差别！

这是最值得注意的事实，乍一看似乎证明物理定律在空间反射下并不是不变的。然而，我们那次使用的糖可能是从甜菜中提取的，而糖分子是一种相当简单的分子，可以在实验室中使用二氧化碳和水经过许多步骤制造出来。如果你尝试使用人造糖，它的化学性质没有什么不同，但它不会使光偏转。一种细菌可以吃糖，如果你把这种细菌放入人造糖水中，它们只吃掉一半的糖；当细菌吃完糖后，你再将偏振光照进剩余的糖水中，会发现它向左转。原因是这样的：糖分子其实是一种复杂的分子，它由一组原子按照复杂的结构排列而成。如果你做出了这种复杂的结构，但将左右反了过来，那么这个分子中每对原子之间的距离与原来的分子一样，分子的能量完全相同，并且对于所有不涉及生命的化学现象，它们也是相同的。但生物能发现差异。细菌吃一种糖分子，而不吃另一种。从甜菜中提取的糖都是同一种，全部是右旋的分子，所以它们都使光向一个方向转动。细菌也只吃那种分子。当我们从分子结构对称的简单气体（二氧化碳）中制造糖时，我们会制造出两种数量相等的糖分子。如果我们加入细菌，它们会清除它们可以吃掉的那种糖，而留下另一种。这就是为什么剩下的糖水中能让光向另一个方向通过。正如巴斯德① 所发现的那样，你可以通过放大镜观察晶体来分离这两种类型。我们绝对可以证明这一切都是有意义的，如果我们愿意，我们可以不靠细菌而靠自己分离出这两种糖。但有趣的是，细菌也可以做到这件事。这是否意味着生命过程不遵循相同的定律？显然不是。生物体中有许多复杂的分子，它们都有某种同样的性质。生物体中最具特征的分子之一是蛋白质。它们具有螺旋的性质，并且它们的螺旋是向右转。据我们所知，如果我们可以在化学上制造相同的蛋白质分子，但它的分子结构向左旋转而不是向右旋转，它们将没有生物学功能；因为当它们遇到其他蛋白质时，不会以相同的方式结合。左旋螺纹与左旋螺纹相适配，但左旋螺纹和右旋螺纹并不适配。构成细菌的分子有右旋螺纹，可以区分右旋和左旋的糖。

① 路易·巴斯德（Louis Pasteur），1822—1895，法国微生物学家。

　　它们是怎么做到的？物理和化学只能制造出两种不同的分子，而不能区分它们。但生物学可以。具有信服力的解释是：很久以前，当生命过程刚开始时，一些分子偶然产生并通过复制自我繁殖，直到许多年后，这些长相滑稽的团块伸出突起和尖端，互相接触、交流……而我们不过是最初几个分子的后代，它们以一种方式形成而不是另一种，这纯属偶然。它必须按照其中一种方式，要么向左要么向右，然后自我复制，不断增殖下去。这与机械车间中的螺丝非常相似。你使用右旋螺纹螺丝来制造新的右旋螺纹螺丝，如此等等。这个事实，即所有生物体中的分子都具有完全相同的螺纹类型，可能是生命起源的一致性在完全分子水平上最深刻的证明之一。

　　为了更好地测试这个问题，即物理定律对左和右是否相同，我们可以这样提出问题。假设我们正在与火星人或大角星人进行电话交谈，而我们希望向他描述地球上的事物。首先，对方将如何理解我们的话？莫里森教授[①]在康奈尔大学对这个问题进行了深入研究，指出一开始所用的一种方式："滴答，一；滴答，滴答，二；滴答，滴答，滴答，三"；如此等等。很快，那边的家伙就能理解这些是数字。一旦他理解了你的数字系统，你可以写下一系列代表不同原子的重量或相对原子质量的数字，然后说"氢，1.008"，然后是氘、氦等等。在他坐下来思考了一会儿这些数字之后，他会发现这些数字的比率与元素的重量比率相同，因此那些名字必须是元素的名字。逐渐地，你们可以以这种方式建立一种共同的语言。现在问题来了。假设，在你和他互相熟悉之后，他说："你们这些家伙，你们很好。我想知道你们长什么样？"你开始说："我们大约 6 英尺高。"他说："6 英尺——

---

① 菲利普·莫里森（Philip Morrison），1915—2005，美国物理学教授，1964 年主持 BBC 第 1 频道的电视系列节目《原子的构造》（*The Fabric of the Atom*）。

1 英尺有多高？"那很简单："6 英尺是 17 万亿个氢原子叠起来那么高"。这不是一个笑话，这是一种向没有测量单位的人描述六英尺的方式——在我们不能给他任何样品，也不能同时看到同一个物体的情况下。如果我们想告诉他我们有多大，我们可以这么做。那是因为物理定律在尺度变化下是不变的，所以我们可以用这个事实来确定尺度。我们可以继续描述我们自己——我们 6 英尺高，我们的外表是对称的，还有这些突出的肢体，等等。然后他说："那很有趣，但你们身体的内部是什么样的？"所以我们描述心脏等器官，我们说，"我们的心脏在左边"。问题是，我们怎么能告诉他哪边是左边？"哦，"你说，"把甜菜糖溶解在水里，就会使投进水中的偏振光转动……"麻烦的是，他那里没有甜菜。我们也没有办法知道火星上的进化过程发生了什么偶然事件，即使它们产生了与这里相对应的蛋白质，这些蛋白质是否具有相反方向的螺纹？我们没有办法了解这些。经过很多思考，你意识到你做不到，所以你认为这是不可能的。

然而，大约五年前，某些实验产生了各种谜团。在此我不会详细说明，但我们发现自己陷入了越来越困难的境地，遇到了越来越矛盾的情况。直到最后李政道和杨振宁[1]提出，也许左右对称的原理——即自然对左和右都是一样的——是不正确的，这将有助于解释许多谜团。李政道和杨振宁提出了一些更直接的实验来证明这一点，下面我只讲所有做过的实验中最直接的那个实验。

我们来看一个放射性衰变的过程。例如，发射出一个电子和一个中微子，就像我们之前讨论过的一样，中子衰变成质子、电子和反电中微子；此外存在许多种放射性衰变，原子核的电荷每增加一个，就

---

[1] 李政道和杨振宁，中国物理学家，1957 年共同获得诺贝尔物理学奖。

会释放出一个电子。有趣的是，如果你测量电子的自旋——电子在释放出来时是旋转的——你会发现它们向左旋转（从它们的后面看——即如果它们的旋转轴是南北朝向的，它们的旋转方向与地球自转方向相同）。当电子从衰变中出来时，它总是向左旋转，这一现象具有明确的意义。就好像在 β 衰变中，射出电子的枪是一支来复枪。有两种方式来制造枪的膛线，其中一种是"射出"的方向，而你可以选择子弹射出时向左或向右转动。实验表明，电子来自一支膛线向左的枪。因此，我们可以利用这个事实，给我们的火星朋友打电话说："听着，拿一块放射性物质，一个中子，看看从它们的 β 衰变中射出的电子。如果电子在射出时向上移动，那么从它的后面看，它的自旋方向就是朝左转。这就是左边，是心脏所在的地方。"因此，区分左右是可能的，进而推翻了世界在左右方向上对称的定律。

接下来我想谈论的是守恒定律与对称定律之间的关系。在上次讲座中，我们讨论了守恒原理，如能量守恒、动量守恒、角动量守恒等。非常有趣的是，守恒定律和对称定律之间似乎有很深的联系。就我们今天的理解而言，只有用量子力学的知识，这种联系才能得到适当的解释。尽管如此，我将向你们展示一个证明这一点的演示。

如果我们假设物理定律可以用最小作用量原理来描述，那么我们可以证明，如果一个定律允许我们将所有设备移动到一侧，换句话说，如果它在空间中是可平移的，那么动量必然守恒。对称原理与守恒定律之间存在深刻的联系，但这种联系需要假设最小作用量原理成立。在第二次讲座中，我们讨论了一种描述物理定律的方法，即一个粒子在给定时间内从一处移动到另一处，会尝试所有可能的路径。存在某个被称为"作用量"的物理量——虽然这个名称可能容易引起误解——当你计算各条路径上的作用量时，你会发现对于实际采取的路径，这个量总是小于其他路径上的作用量。这种描述自然定律的方式就是说，在所有可能的路径中，实际路径所对应的数学表达式的作用量取极小值。另一种表述"极小值"的方式是，如果你一开始稍微改变一下路径，它不会产生任何影响。假设你在山丘上漫步——但山是平滑的，因为涉及的数学对象对应于平滑的事物——你来到了一个最低点，那么如果你向前迈一小步，你的高度不会改变。当你处于最低点或最高点时，第一步在高度上基本不会产生影响；而如果你处于斜坡上，你可以向下走一步，或者你朝相反方向走一步，你就会向上走。这就是为什么当你处于最低点时，迈一步不会产生太大影响的关键：若在最低点处移动真能改变高度，那么反向移动必然导致继续下降。但因为这是最低点，你不可能下降，所以你的第一步近似地不会产生影响。因此，如果我们在最低点稍微改变一下路径，在第一步近似中，它的作用量不会产生影响。我们画出一条从 A 到 B 的路径（图4-3），现在我想让你们考虑一下另一种可能的路径。首先，我们立即跳到附近的另一个位置 C，然后我们沿着完全对应的路径移动到另一个点，我们称之为 D。当然，它也被移动了相同的距离，因为这是一条对应的路径。现在我们发现，即 $ACDB$ 路径上的总作用量在第一步近似中与原始的 AB 路径上的作用量相同——这是根据最小作用量原理得出的结论。我还要告诉你们另一件事。如果世界在你移动所有物体后保持不变，那么 AB 路径上的作用量与 CD 路径的作用量是相同的，因为这两者的区别仅仅在于你移动了所有物体。所以，如果空间平移对称性成立是正确的，那么 AB 路径上的作用量与 CD 路径上的作用量是相同的。然而，对于真实运动而言，间接路径 $ACDB$ 上的总作用量与直接路径 AB 上的总作用量非常接近，因此也等于 CD 段作用量。这个间接作用量是三个部分的总和——从 A 到 C 的作用量，

从 C 到 D 的作用量，以及从 D 到 B 的作用量。所以，在减去相等项后，你可能可以看出，AC 段与 DB 段作用量加起来必须为零。但在这两段运动中，运动的方向是相反的。如果我们考虑将 AC 段视为正向移动的贡献，则 DB 段（相当于反向的 BD）需取相反的符号，这意味着存在一个物理量——AC 段的作用量必须与 BD 段的相抵消。这是朝 B 到 D 方向迈一小步对作用量的影响。这个量，即朝右迈一小步对作用量的影响，在开始时（AC 段）与结束时（BD 段）是相同的。因此，存在一个量，在时间推移过程中保持不变，前提是最小作用量原理成立，且空间位移的对称原理正确。这个保持不变的量（朝一侧迈一小步对作用量的影响），实际上就是我们在上一次讲座中讨论的动量。假设这些定律遵循最小作用量原理，就显示了对称定律与守恒定律之间的关系。事实证明，它们满足最小作用量原理，因为它们来源于量子力学。这就是为什么我说，归根结底对称定律与守恒定律之间的联系来自量子力学。

图 4-3

对于时间延迟的相应论点是能量守恒。在空间旋转中不会产生差别的情况，能得出角动量守恒。这样我们也可以在不产生任何差别的情况下进行空间反射，而这是在经典物理学的意义上很难得出的结果。人们称之为"宇称"，并且有一个守恒定律称为"宇称守恒"，但这些都只是一些复杂的词罢了。我必须提到宇称守恒，因为你们可能已经在报纸上读到宇称守恒定律被证明是错误的了。如果所写的内容是你不能区分左右的原理，并被证明是错误的，那将更容易理解。

当我谈论对称性时，我想告诉你们这里有一些新问题。例如，每一个粒子都有一种相应的反粒子。对于电子，反粒子是正电子；对于质子，则是反质子。原则上我们可以制造我们所说的反物质，其中每个原子都由其相应的反粒子组合在一起而构成。氢原子是由一个质子和一个电子组成的；如果我们取一个带负电的反质子和一个正电子，并将它们结合在一起，它们也会形成一种氢原子，即反氢原子。实际上，反氢原子从未被制造出来，但已经推算出理论上这是可行的，并且我们还可以用同样的方式制造出各种反物质。现在我们要问的是，反物质是否具有像原来的物质一样的性质，据我们所知，它确实如此。对称定律之一是，如果我们用反物质制造东西，它的性质将与我们用相应的物质制造出的东西相同。当然，如果它们相遇，它们会相互湮灭，并且迸发出火花。

人们一直相信物质和反物质遵循相同的法则。然而，现在我们知道左右对称性似乎是错误的，这引出了一个重要的问题。如果我观察中子的衰变，但是用的是反物质——一个反中子衰变成一个反质子加上一个反电子（也称为正电子），加上一个中微子——问题是，它们的性质是否相同？也就是说，正电子是否会以左手螺旋的形式旋转，或者说会出现镜像对称？直到几个月前，我们还相信它的行为是相反的，即反物质（正电子）向右转，而物质（电子）向左转。在这种情况下，我们真的无法告诉火星人哪个是右哪个是左，因为如果他碰巧是由反物质构成的，那当他做实验时，他的电子将是正电子，它们将以错误的方式旋转，连心脏的位置都会和人类镜像对称。假设你打电话给火星人，向他解释如何制造一个人，他照做了，并且成活了。然后你向他解释了我们所有的社会习俗。最后，当他告诉我们如何建造一艘足够好的宇宙飞船后，你去见这个人，你走向他，伸出右手和他握手。如果他伸出右手，那没问题，但如果他伸出左手，小心……你们两个会相互湮灭！

虽然我想告诉你一些更多的关于对称性的问题，但它们更加复杂，难以解释。还有一些非常值得注意的事情，即近似对称性。例如，我们可以区分左和右的事实有一个值得注意的地方，即我们只能通过观察非常微弱的效应，比如类似 β 衰变的过程来做到这一点。这意味着自然界中 99.99% 的事物无法区分左右，但有一个小部分，一个小小的例外，完全不同，在某种意义上，它是完全不对称的。这是自然界的一个谜，还没有人对此提出任何想法。

第 5 章

过去与未来的区别

众所周知，世界上发生的事情是不可逆转的。也就是说，已经发生了的事情就不会向反方向改变。比如你打碎了一个杯子，然后坐着等待它的碎片重组起来，再跳回到你的手中；如果你观看浪花拍岸，你可以站在那里等待破碎的水花重新聚集，升到海面上，然后退到离海岸更远的地方落下——那可真是一幅奇景！

在讲座中演示这一点时，通常会播放一段动态画面，然后倒放这段影片，观众便会哄堂大笑。笑声意味着影片中倒放的场景在现实世界中是不可能发生的。但事实上，用这种方式来阐述过去与未来之间如此明显且深刻的差异，显得相当苍白无力。因为即使没有实验，我们每个人内心的体验也能清楚地告诉我们，过去与未来是完全不同的。我们记得过去，但我们不可能知晓未来。我们对未来可能发生的事情和已经发生的事情有着截然不同的认知。过去和未来在心理学上也完全不同。心理学中有着记忆和自由意志的概念，这指的是我们可以通过做些什么来影响未来，但每个人都明白我们做的事情不能改变过去。懊悔、遗憾、希望等词语都能很好地表现过去和未来的区别。

如果自然界是由原子构成的，而且我们也是由原子构成的，并遵循物理定律，那么对于过去和未来之间这种明显的区别，以及上文提到的所有现象的不可逆性，最明显的解释将是原子运动的某些定律使原子只会单向运动，而不是来回运动。世上应当存在一种定律，使 X 只能转化成 Y，而 Y 永远不会反过来转化成 X，世界一直在不可逆地从 X 的特性转向 Y 的特性——这种事物变化的单向性应当是使所有事情看上去只朝着一个方向发展的原因。

但我们还没有找到这个定律。也就是说，我们迄今为止发现的所有物理定律，都没有指出过去和未来的区别。影片可以正着放也可以倒着放，而物理学家在看它时是不会笑的。

让我们以引力定律作为标准示例。如果我有一个太阳和一个行星，让行星顺着某个方向围绕太阳公转，然后为它们拍一段影片，将影片倒着播放，会看到些什么？当然是行星沿着相反的方向，围绕太阳在椭圆形轨道上运行。行星的速度使它在相同的时间内总是走过相同的距离。事实上，它完全按照它应该遵循的方向运行，并不会朝另一个方向运行。所以根据引力定律，运行方向并不会引起差别。如果你在影片中倒着播放任何只涉及引力的现象，它看起来完全合理。我们还可以把视角放得更精细些。如果一个更复杂的系统中所有粒子的运动突然倒转了方向，那么一切就会像把原来卷紧了的东西一步一步解开一样。如果你有很多粒子在进行着某种过程，然后你突然倒转它们的方向，它们将倒着进行方才的过程。

根据引力定律，速度的变化是力的作用的结果。如果我反转时间，力并不会改变，因此在相应的距离上，速度的变化也不会改变。所以，速度的变化过程正好与它们之前的变化过程相反，很容易证明引力定律在时间上是可逆的。电磁学定律呢？也是时间可逆的。核相互作用定律？就我们所知，也是时间可逆的。我们之前谈到的 β 衰变定律呢？也是时间可逆的吗？几个月前的实验中遇到的困难，表明这些定律可能存在问题，定律中一些未知的东西，暗示了 β 衰变可能在实际上不是时间可逆的。我们还需要更多的实验来证明这一点。但至少下面这种说法是正确的：在大多数普通情况下，β 衰变（可能是时间可逆的，可能不是）是一个非常不重要的现象。我能与你们交谈的这种可能性并不依赖于 β 衰变，虽然它确实依赖于化学作用，也依赖于电力，目前与核力的关系不太大，但是它也依赖于引力。但我对你们说这些的行为是单向的。我说话时，声音传入空气中，而当我张开嘴时，它不会被吸回我的嘴里。这种不可逆性不能归因于 β 衰变现象。换句话说，我们相信，世界上大多数由原子运动产生的现象，都是根据可以完全反转的定律进行的。所以我们必须再寻找更多的不可逆性的解释。

如果我们更仔细地观察上文中行星围绕太阳的运动，我们很快就会发现前面所提到的关于其时间可逆的内容并不完全正确。例如，地球的自转在逐渐变慢。这是由于潮汐的摩擦，很显然，摩擦并不是可逆的。如果我取一个重物放在地板上，推它，它会滑动，然后停下来。而如果我站着等待，它并不会突然开始加速并回到我的手中。所以摩擦带来的效应看来是不可逆的。但正如我们在另一个讲座里讨论过的那样，摩擦效应是与重物同木地板的相互作用、同其中原子的振动相关的一种非常复杂的效应，是重物有组织的运动转化为地板木材中原子的无组织、不规则的摆动。因此，我们应该更进一步去观察。

事实上，这里有关于不可逆性的明显线索。我将举一个简单的例子：假设我们有一个一边装有被染料染蓝的水、另一边装了清水的水箱，中间用隔板分隔，然后小心翼翼地取走隔板。刚开始，两种颜色的水界限分明。让我们耐心等一会儿，你会发现蓝色的水与清水逐渐混合，过了不久，水变成了淡蓝色，我指的是这两种水等量混合，颜色均匀地分布开来了。现在，如果我们继续等待，就会发现混合在一起的颜色不会自己分开。（你可以用一些方法主动将蓝色的水分离出来。你可以将水蒸发，凝结水蒸气得到清水，并将蒸发后余下的蓝色染料溶解在一半的清水中，这样一切就都还原了。但当你在做这些时，会在其他地方引起不可逆的现象。）只靠它自己是不会自动还原的。

这给了我们一些提示。让我们把视角放到原子和分子上。假设我们为蓝色的水和清水的混合过程拍了一段录像，并将这段录像倒着播放，它看起来会很滑稽，因为刚开始混合均匀的水渐渐地变得泾渭分明，这显然是非常奇怪的。现在我们放大画面，让每个物理学家都能清晰地看到每个原子，以观察是什么造成了不可逆性——是什么打破了过去和未来的平衡。好了，让我们开始观看录像。其中有两种不同类型的原子（听起来很荒谬，但让我们称它们为蓝原子和白原子），它们总是在做摇摆不停的热运动（一切微观粒子都在做的无规则运动）。在影片的开始，绝大多数的蓝原子在其中一边，而白原子则在另一边。现在，这些数以十亿计的原子在四处晃动。如果开始时像刚才那样，两种原子各据一方，我们将看到这些原子在持续的不规则运动中会逐渐混合在一起，这就是为什么水逐渐变成了均匀的浅蓝色。

让我们观察从影片中选出的任何一次粒子碰撞，分子在画面中沿着某一方向碰到一起，又向另一方向反弹开来。现在把这部分影片倒着播放，你会发现这对分子朝相反的方向碰到一起并弹开。物理学家用他敏锐的眼睛观察着这个过程，并且测量了每个变量，说："没问题，这是符合物理定律的。如果两个分子沿这个方向来，它们就会向那个方向弹开。"这一过程是可逆的。也就是说，粒子碰撞的定律是时间可逆的。

所以如果你过分着重于细节，就根本无法理解这种现象，因为每一次碰撞都是绝对可逆的，并且虽然整部影片表现出某种不合理，即在倒放的影片中，分子开始的时候是混合在一起的——蓝的、白的，蓝的、白的，蓝的、白的——随着时间的推移，通过所有的碰撞，蓝原子与白原子分离开来了。但它们做不到——蓝原子并不会自然地与白原子分离。然而，如果你非常仔细地从原子层面观看这部反转电影，每一次逆转后原子的碰撞都是合理的。

这样你就会明白，所有的不可逆性都是由一般的偶然事件引起

的。如果一个分离且不均匀的物体发生了一系列不规则的变化，它就
会变得更加均匀。反之，如果它从均匀状态开始，进行不规则的变
化，它就不会分离。其实它可以分离，分子间互相碰撞、反弹使得它
们分离开来，这并不违反物理定律。只是这不太可能。这种分离在
一百万年里都不会自然发生，这就是答案。不可逆性的意思就是这样，
事情会按照一种方向发生，而不能沿反方向倒着进行，虽然并不违背
物理学定律，但是几乎永远不会自然发生。即使你坐着等待很久，也
不会看到仅靠原子的摇晃就能将墨水和水的均匀混合物分离开来的荒
唐事。

现在，我在实验中放一个盒子，盒子里的蓝原子和白原子各有
四五个，随着时间的推移，它们会逐渐混合起来。但我想你会相信，
如果你继续观察，在这些原子持续不断的不规则运动下，一段时间
后——不一定像一百万年那么久，也许只需要一年——你会看到它们
偶然地、在一定程度上回到一开始的状态，至少是在盒子中间放一块
隔板，某一刻所有的白原子都在一边，而所有的蓝原子都在另一边。
这并非不可能。然而，我们实际使用的对象不仅有四五个蓝原子和白
原子。它们数以亿计，要都像这样分离几乎是不可能发生的事。所以
自然界的明显不可逆性并不是来自基本物理定律的不可逆性；它来自
一个有序的系统通过分子不规则的碰撞、反弹而往一个方向变化。

接下来的问题是——它们最初是如何处在有序的状态下的？也
就是说，为什么可以从有序的状态开始？难题在于我们从一个有序的
东西开始，却并不会以有序的状态结束。世界的规则之一是，事情会
从有序状态变为无序状态。顺便说一句，"有序"这个词，像"无序"
一样，是一个在物理学中与日常生活中的意思并不完全相同的术语。
有序和无序不一定是作为人类的我们会感兴趣的概念，它仅仅指一个

明确的状况。比如所有的一种分子都在一边，而另一种都在另一边，或者它们全都混合在一起——这就是有序和无序。

那么，问题就在于它最初是如何变得有序的，以及为什么当我们看到任何只是部分有序的状况时，我们可以推断出它可能来自更有序的状况。如果我们看着一缸水，水的一边是非常深的蓝色，另一边是无色透明的清水，中间是淡蓝色，我们就会知道这缸水已经被静置了二三十分钟，那么我们可以猜到它之所以变成这样，是因为蓝色的水和清水在过去分离得更彻底。如果我等待的时间更长，那么蓝色的水和清水将会进一步混合；而如果这缸水已经静置了足够长的时间，我就可以对其过去的状态得出一些结论。它边缘"平滑"的事实只能说明它在过去分离得更加彻底；因为如果它在过去没有分离得那么彻底，那么从那时起到现在，它应该会变得比现在更加混合。因此，可以从现在的状况推断过去的一些信息。

事实上，物理学家通常不会这么推断。物理学家们喜欢这样研究："现在有这些条件，那么接下来会发生什么？"但其他学科，比如历史学、地质学、天文史学等所有正在做研究的学科，都有这样类似的问题。我发现这些学科的研究人员能够做出与物理学家完全不同的预测。物理学家说，"在这种条件下，我会告诉你接下来会发生什么。"但地质学家会这样说："我掘开地下，发现了某种骨头。我预言如果你掘下去，也会发现类似种类的骨头。"历史学家，尽管研究的是过去，但可以通过未来发生的事来推测过去的事。当他说法国大革命是在1789年时，他的意思是如果你读到另一本关于法国大革命的书，那么你也将读到法国大革命发生的年份。他所做的是对过去的、他从未看过的东西做出的一种推测，以及对某些尚待发现的过去信息的预测。他推测的关于拿破仑的信息将与其他历史资料中所写的内容相符。问题是如何能够做到——实现这个的唯一途径，是世界从有序向无序变化，世界的过去比现在要更加"有序"得多。

有人提出世界是这样变得有序的：起初，整个宇宙只有不规则的运动，就像混合后的水一样。我们看到，如果你等待足够长的时间，就像上文所说的在只有几个原子的情况下，水会偶然分离开来。一些物理学家（在一个世纪前）提出，所发生的一切都是世界一直在运行的系统波动（这种稍微偏离普通的均匀状态的现象被称为"波动"）。它波动了，现在我们在等候着波动重新平息。你可能会说："但得等待很久才能有这样的波动。"我知道，但如果没有发生过那么凑巧的波动，使生物的进化得以进行，使有智慧的人类得以诞生，我们就不会注意到它。所以我们不得不继续等待，直到我们亲眼见证这种波动——一定发生过这样大的波动。但我相信这个理论是不正确的。我认为这个理论是荒谬的，原因如下。如果世界更大一些，并且充满着原子，从一种均匀混合的状态开始，那么如果我只观察一处地方的原子，发现那里的原子刚好被分离开来，我也无法得出其他地方的原子也都被分离开来的结论。事实上，如果波动确实存在，而我注意到某处有异常的事情发生，那么最可能的情况是其他地方并没有发生这样异常的事情。也就是说，必须找到像波动那样足够大的偏差来使世界失去平衡，但是实际上没有办法找到那么多的偏差。在蓝色的水和清水的实验中，即使最终盒子里有少数分子分离，水的其余部分仍然是混合均匀的。因此，尽管当我们仰望群星和宇宙时，我们看到的一切都是有序的，但如果一次波动发生，而此时我们正在注视一处以前没有观察过的地方，就会发现其变成了无序和混乱的状态。虽然我们所观测到的宇宙存在物质被分离成炽热的群星和寒冷的空间这一现象，假如这种情况可能是一次波动导致的，我们会期望在我们没有观测到的地方群星与空间没有分离。而且，由于我们总是预测在我们还没看过的地方能看到类似条件下的恒星，或者发现同样适用于拿破仑事迹的理论，抑或看到与我们以前看到过的骨头类似的另一些骨头，所有那些学科里预言的成功都指示着世界的无序性并不是来自波动，而是来自一种过去比现在更加分离、更加有组织的状况。因此我觉得有必要在物理定律之外加上一个假设，即从运行的合理性上讲，宇宙的过去比今天更加有序——我认为这是赋予不可逆性意义并使之得以理解所必需的额外陈述。

这条陈述本身当然在时间上是有偏向的，它所说的过去和未来是不同的。但它不属于我们通常所说的物理定律的范围，因为我们今天试图将支配宇宙发展的规则的物理定律，以及声明世界过去处于何种状态的定律区分开来。后者被认为是天文史学——也许有一天它也将成为物理定律的一部分。

现在我想说明一些不可逆性的有趣特征。其中之一可以通过观察一个不可逆的机器的工作方式来理解。

假设我们建造了一些已知只能朝一个方向工作的机器，比如说棘轮——整个轮子被锯齿围绕，锯齿的一边是尖锐的，而另一边则相对平缓。这个叫作棘轮的轮子被安装在轴上，与它配套的还有一个小棘爪，棘爪安装在一根枢轴上，并有一根弹簧向下拉住它（图 5-1）。

图 5-1

轮子只能朝一个方向转动。如果你试图逆着锯齿的方向转动它，锯齿的尖角会卡在棘爪上，让棘轮一动不动；而如果你反过来，顺着锯齿的方向转动它，那么棘爪正好能顺利地嘀嗒嘀嗒跳过一个又一个的锯齿。（类似的东西你应该很熟悉：时钟和手表中都运用了这样的棘轮，所以你在上发条时只能将发条朝一个方向旋转。）在单向转动方面，棘轮是完全不可逆的。

现在有人想象可以用这种不可逆的、只能朝一个方向转动的轮子来做一件非常有用和有趣的事情。正如你所知，分子总是在持续不断地振动着。如果你建造了一台非常精巧的器械，它会受到周围不断振动的空气分子的撞击，从而持续不断地在摇晃着。这是一个非常聪明的想法。利用这一点，我们将棘轮的转轴上连上四片扇叶（图 5-2）。

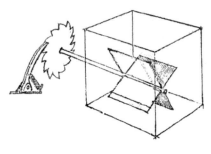

图 5-2

整个装置被放在一个充满气体的盒子里，被不断振动的空气分子撞击着，所以扇叶时而被推向一边，时而被推向另一边。但是当扇叶向其中一个方向推动时，棘轮的锯齿会被棘爪卡住；而当扇叶向另一个方向推动时，就会转动起来。所以我们发现，棘轮会永恒地转动下去。就这样，根据棘轮的这种不可逆的性质，我们得到了一种永动机。

但实际上，我们还必须进行更详细的研究。这套棘轮装置的工作原理是这样的：当轮子朝一个方向转动时，棘爪被锯齿顶起来，然后落下去抵住锯齿的底部。接着它会再次被顶起来，如果连接它的弹簧具有理想的弹性，它会一直反弹再反弹，而仅当棘爪偶尔跳得太高时，轮子才会朝另一方向转动。所以棘爪落下来时被锯齿卡住，顶起来后再落下，整个装置才能正常运行。而像这样卡住、弹起再落下的单向转动过程中，必定有我们称之为阻尼或者摩擦的效应，由于摩擦产生热量，棘轮会变得越来越热。然而，当它开始变得相当热时，会发生一些其他的事情。那正是布朗运动，即围绕着叶片的空气分子做不间断、不规则的振动的效应。无论棘轮和棘爪是由什么制成的，它们都会随着摩擦而变得更热，自身内部的分子运动得更加剧烈，使之开始以更不规则的方式移动。当整套装置热到棘爪只是因为自身内部分子的运动而上下弹跳，就像使叶片转动的空气分子运动一样时，锯齿就可以朝任何方向转动了。此时，我们的装置就不再是单向运转的了，事实上，它甚至还可以被反向驱动！如果棘轮比扇叶更热，本应只朝一个方向转动的装置便会朝相反的方向转动，因为每次棘爪落下时，它都会落在棘轮锯齿的斜面上，从而推动棘轮"向后"转动。然后，它再次弹跳起来，再次落在另一个斜面上，如此往复。所以如果棘轮比扇叶热，它就会朝错误的方向转动。

这与扇叶周围的气体温度有什么关系？假设我们将空气去掉，那么如果棘爪落在棘轮的斜面上向前推动，接下来棘爪会弹跳到棘齿的垂直边上，接着棘轮便会反弹回来，从而不能顺利转动。为了防止棘轮反弹，我们给装置加上一个阻尼器，并把装置放回空气中，会发现整个装置就会减慢速度，棘爪也不能再自由弹跳。棘轮只会朝一个方向转动，只不过是朝错误的方向。所以事实证明，无论你如何设计它，如果一边更热，棘轮就会朝这个方向转动；如果另一边更热，棘轮就会朝另一个方向转动。但在两边发生热交换之后，一切都将平静下来，由于扇叶和棘轮都处在相同的温度中，按照平均效应，它不会朝任何一个方向转动。也就是说，只要存在着不平衡，比如一边比另一边更冷，或者一边比另一边更蓝，自然现象就会单向发生。

能量守恒定律让我们认为想要多少能量就能有多少，大自然从不损失或增加能量。然而，以海洋的能量为例，所有海洋中的原子的热运动的能量，实际上是无法被我们利用的。为了使这些能量有组织地集中起来，以供我们利用，温度上的差别是必要的，否则尽管能量存在，我们却无法利用它。不同种类的能量的可用性区别巨大。海水中含有大量的能量，但它无法被我们所利用。

能量守恒意味着世界上能量的总量保持不变。然而，布朗运动这样不规则的分子振动使得能量可以如此均匀地分布，以至于无法控制它从一个方向流动到另一个方向。也就是说，我们无法控制这种能量的流动。我想通过一个类比来向你说明控制这种能量流动的困难所在。不知道你是否有过这样的经历，但我有——在海滩上坐着，身边有几条毛巾，突然下起了倾盆大雨。你快速抓起那些毛巾，冲进更衣室。然后你开始用毛巾擦干自己，发现这条毛巾有点湿，但比你的身体要干。你继续用这条毛巾擦身，直到发现它湿透了，它吸收的水分和从你身上擦去的水分一样多，然后你换了另一条。很快，你发现了一个可怕的事实——所有的毛巾都和你一样湿透了。即使你有再多的毛巾，也没有办法让自己变得更干了，因为在某种意义上，毛巾湿润的程度和你自己没有区别。我可以发明一种量，称之为"除去水分的难易程度"。毛巾从你身上除去水分的难易程度和你是一样的，所以当你用毛巾擦拭自己时，从毛巾上流到你身上的水量和从你身上流到毛巾上的水量是一样的。这并不意味着毛巾里的水量和你身上的水量是等量的，大毛巾里的水会比小毛巾多，但它们湿润的程度是相同的。当一切都达到相同的湿润程度时，你就无能为力了。

现在水就像能量一样，因为水的总量没有变化。（如果更衣室的门是开着的，你可以跑到阳光下晒干，或者找到另一条毛巾，那你就得救了。但假设更衣室是完全密闭的，并且你无法丢掉这些毛巾或者得到新的毛巾。）同样，如果你想象世界的某一部分是封闭的，并等待足够长的时间，那么在这一部分封闭世界里的各种偶然事件中，能量就会像水一样，在世界的各个部分中均匀分布，直到没有任何能量分布的差别、没有任何能量流动，那么这个封闭的世界中也就再没有什么可供我们利用的能量了。因此，在棘轮、棘爪和扇叶这个不涉及其他东西的密闭系统中，当棘轮不同侧的温度逐渐变得相等后，轮子既不会朝一个方向转动，也不会朝另一个方向转动。同样，如果你让任何封闭系统长时间保持不被干涉，它内部的能量就会逐渐混合均匀，于是没有什么能量能真正引发任何变化了。

顺便说一下，与湿润程度或"去除水分的容易程度"相对应的东西被称为温度，虽然我说当两个物体处于相同温度时能量流动就会变得平衡，但是这并不意味着它们含有相同的能量；这只是意味着从这两个物体中提取能量是一样容易的。温度就像"去除能量的难易程度"。如果你将它们并排放置，表面上什么也没有发生；它们来回传递着等量的能量，但能量变化的净值是零。所以当所有东西都达到相同的温度时，就没有更多的能量可被利用了。不可逆性的原理是，如果封闭环境内的事物拥有不同的温度，随着时间的推移，它们的温度会逐渐变得相同，能量的可利用性会不断减少。

这又被称为熵增定律，根据熵增定律，熵总是在增加。但不要计较这些术语，反过来说，能量的可用性总是在减少。这是世界的一个特征，是分子不规则运动的混乱导致的结果。对于不同温度的事物，如果不去干涉它们，它们的温度就会逐渐趋同。如果你有两样温度相同的东西，比如没有点着火的炉子上的一锅水，那么锅里的水不会冻结，炉子也不会变热。但如果你有一个热炉子和一锅冰，事情就不一样了。所以单向性总是导致能量可用性的损失。

关于这个主题我想说的就这么多，但我还想要对有关的一些特征发表几点看法。这里有一个例子，其中明显的效应，即不可逆性，并不是这个定律的重要变量，反而在实际上与基本定律相去甚远。这需要大量的分析才能理解其中的原因。这个效应在世界经济的运作中，在世界所有显而易见的事物的真实行为中，都是至关重要的。我们的记忆、我们的特征、过去和未来之间的区别，也都与之息息相关。然而只是了解物理定律并不能轻易地理解它，我们还需要大量的分析。

在具体的定律和真实现象之间，通常差异巨大。例如，你从远处观察冰川，会看到巨大的石头掉进海里，冰块的移动方式等现象，现实中观察这些并不需要你记住冰块是由小的六角形冰晶组成的。然而，如果在这方面拥有足够的知识，就会知道冰川的运动实际上是六角形冰晶的特性导致的。但是要理解冰川的所有行为需要一段时间（事实上还没有人对冰有足够的了解，尽管人们已进行了那么多的研究）。然而，一切还是有希望的——如果我们了解了冰晶，我们最终总会深入了解冰河。

事实上，尽管我们在前几章中讨论了物理定律的基本性质，我还是必须说，即使掌握了已知的所有基本定律，也无法立即获得对任何事物的了解。这需要花费时间，并且即使这样做也只能了解部分。事实上，自然界似乎是被特地设计成这样的，看起来就像是由一大批定律共同起作用的一种复杂的偶然结果。

举一个例子，含有质子和中子等几种核粒子的原子核是非常复杂的。它们有我们所说的能级，可以处于不同能量值的状态或条件中，不同的原子核有不同的能级。要找到能级的位置是一个复杂的数学问题，我们只能解决这一问题的一部分，确切的能级位置显然是一种极为复杂的机制。氮原子含有 15 个核粒子，恰好具有 2.4 百万电子伏特的能级，另一个能级在 7.1 伏特，等等。这个例子没有什么特别的神秘之处。但自然界的显著之处在于，整个宇宙的特性取决于某个特定原子核的某个特定能级的位置。在碳 –12 原子核中，碰巧有一个在 7.82 百万电子伏特的能级，而且它制造了世界上的所有差异。

事情是这样的：如果我们从氢开始，世界一开始几乎全是氢，随着氢在重力作用下聚集并变得更热，可以发生核反应，便形成了氦，然后氦只能部分与氢结合并产生一些更重的元素。但这些更重的元素会立即分解变回氦。因此，在这一段时期，世界上其他所有元素来自哪里成为一个巨大的谜团，因为从氢开始，恒星内部的高温环境不会制造出氦和其后的其他元素，最多不会超过 6 种。对于这个问题，霍伊尔和萨尔皮特[1]教授指出，有一种方法可以解答。如果 3 个氦原子能够结合形成碳，我们可以很容易地计算出恒星中这种情况发生的概率。结果发现，它永远不会发生，除非有一个可能的巧合——如果碳中碰巧存在一个在 7.82 百万电子伏特的能级，那么 3 个氦原子会结合在一起，然后它们在分开之前，会比没有 7.82 百万电子伏特的能级时停留得更久。在那里停留得更久，就有足够的时间让其他事情发生，并制造其他元素。如果在碳中有一个 7.82 百万电子伏特的能级，那么我们就能理解周期表中所有其他元素的来源。因此，通过一种迂回、颠倒的论证，我们预测碳中有一个 7.82 百万电子伏特的能级；实验室的实验表明确实如此。因此，世界上所有这些其他元素的存在

---

[1] 弗雷德·霍伊尔（Fred Hoyle），英国天文学家，任职于剑桥大学。埃德温·萨尔皮特（Edwin Salpeter），美国物理学家，任职于康奈尔大学。

与碳中存在这个特定能级的事实密切相关。但是，从我们了解的物理定律来看，碳在这个特定能级的位置，似乎是12个复杂粒子相互作用的一个非常复杂的巧合。这个例子很好地说明了了解物理定律并不一定能让你以任何直接的方式理解世界上重要的事物。真实经验的细节通常与基本定律相去甚远。

当讨论不同的层次时，我们就有了一种讨论世界的方式。当然，这并不意味着我会非常精确地将世界划分为明确的层次，但我会通过描述一组概念来说明我所说的层级结构是什么意思。

例如，一方面，我们掌握着物理学的基本定律，然后我们概念性地发明了一些近似的术语，我们相信它们最终可以用基本定律来解释。比如"热"。热被认为是原子的不规则振动，而谈论物体的"热"指的是其中的大量原子在做不规则振动。但我们讨论热时，有时会忘记原子的振动——就像我们谈论冰川时，我们并不总是想到构成它的六角形的冰晶和最初飘落的雪花。另一个例子是一块盐晶体。从最基本的角度来看，它是由质子、中子和电子组成的，但我们已经有了"盐晶体"的概念，它承载着一个完整的相互作用的基本模式。像"压强"这样的概念也是一样的。

现在，如果我们从这个层次上升到另一个层次，就有了物质的性质——像表示光通过某种物质的方式的"折射率"；或表示水倾向于将自己聚拢的"表面张力"，这两个都是通过数字来描述的。而我要提醒你的是，我们必须通过几个定律来说明它来自原子的拉力，等等。但我们仍然在说"表面张力"，并且在讨论表面张力时，我们不必顾及水内部的机制。

我们在层级中继续往上走。水会形成波浪，而波浪之上又有风暴，风暴这个词代表了许多现象；又比如"太阳黑子"，或者"星星"，它们都是许多事物积累的结果。我们没必要总是追溯到那么远的源头。实际上我们也做不到，因为越往上走，中间的步骤就越多，而每一步的推敲都有点薄弱。我们还没有把它们都想清楚。

随着复杂的层次体系的上升，我们遇到了像肌肉抽搐或神经冲动这样的东西，这在物理世界中非常复杂，涉及非常精巧的物质组织形式。然后，就有了像青蛙这样的生物。

我们继续往上走，我们来到了像"人""历史"或"政治权术"这样的词语和概念，这是一系列我们用来理解更高层次事物的概念。

继续上升，我们遇到了像邪恶、美丽和希望这样的概念……

如果用宗教来隐喻的话，这个层次体系的哪一端更接近上帝？美丽和希望，还是最基本的定律？我认为正确的回答，当然是我们必须看到事物的整体结构性与相互联系；所有的科学、所有不仅仅是科学的知识研究，都是为看清层次之间的联系的努力，包括美与历史的联系，历史与人的心理的联系，人的心理与大脑运转的联系，大脑与神经冲动的联系，神经冲动与化学的联系，等等。并且是双向的研究。今天，我们必须承认，我们不能轻易地为这个层次体系从一端到另一端画一条线，因为我们才刚刚认识到它的存在。我不认为任何一端更接近上帝。站在任何一端的角度，离开另一端，希望沿着那个方向一直走就能完整地理解这个世界，这是错误的。站在邪恶、美丽和希望的一端，或是站在基本定律的一端，希望只用某一端的方式来深入理解整个世界，也是错误的。一些专家专精于其中一端，而另一些则专精于另一端，对他们来说，彼此轻视是没有意义的（实际上他们并不这样做，但人们说他们这样做）。绝大多数的研究者处在这两端之间，他们将层次联系起来，并一直改进着我们对世界的理解。通过这种方式，我们正在逐渐理解这个巨大的相互连接的层次结构世界。

第 6 章

概率与不确定性

——对自然界的量子力学观点

不论是最初的实验观察，还是其他类型的科学事物观察，都提示我们合理解释事物靠的是直觉——基于对日常物体简单经验的直觉。但当我们试图拓宽视野，增强各种描述的一致性，并且确实观察到各种现象时，这些解释就不再是简单的解释，而是摇身一变成了我们所说的定律，而不仅是简单的解释。在这过程中奇怪的一点是，他们似乎变得愈发不合常理，也愈加不明显。以相对论为例，该理论的命题是，如果你认为两件事同时发生，那只是你的观点，别人可能认为两件事中的一件发生在另一件之前，因此同时性只是一种主观印象。

我们没有理由期待事物会有所不同，因为日常生活中的事物或是涉及大量例子，或是涉及运动十分缓慢的事物，或是涉及其他特殊条件，而这些条件实际上只能代表我们对自然的有限经验。我们从直接经验中认识到的只是自然现象的一小部分。只有通过精细的测量和细致的实验，我们才能够拥有更广阔的视野。这样一来，我们看到的东西就与我们的猜测大相径庭——甚至是根本无法想象的。我们的想象力被拉伸到了极致，不是像小说那样去想象那些现实中并不存在的事物，而仅仅为了理解那些确实存在的事物。这就是我想讨论的情况。

让我们从光的历史开始。最初人们认为光的行为非常像一簇粒子或微粒，就像天上掉下来的一滴滴雨点或者从枪支里发射出来的一颗颗子弹那样。后来的进一步研究让我们知道这是不对的，光实际上表现得像波，比如水波。到了 20 世纪，随着研究的深入，光似乎在很多方面又表现得像粒子。在光电效应中，你可以数出这些粒子——现在它们被称为光子。最初发现电子的时候，它们的行为简单得就像粒子或子弹。可是进一步的研究，比如从电子衍射实验中可以看出，它们表现得又像波。随着时间的推移，关于这些事物究竟是如何表现的——是波还是粒子，是粒子还是波？人们越来越感到困惑，因为它们看起来既像波又像粒子。

1925—1926 年，量子力学的正确方程出现，最终解决了这个疑问。虽然我们知道电子和光的运动方法了，但是应该怎样描述呢？不论是说它们表现得像粒子还是波，都会给人造成错误的印象，因为它们实际上是以一种独一无二的方式运动着，在技术上可以把这种方式称为量子力学方式。它们的表现方式是你从未见过的，因为你对以前见过的事物的经验是不完整的。从非常微小的尺度上看，不同事物的行为有很大差别。原子既不像挂在弹簧上的重物那样振荡，不像太阳系的微型模型一样有小行星在轨道上运行，也不像某种围绕着原子核的云雾。它表现得和你见过的任何东西都不一样。

不过这里至少有一个简化的认识，那就是电子在这一方面的表现与光子完全相同：虽然它们都很古怪，但运动方式是完全一致的。

因而，我们需要大量的想象才能弄明白它们是怎么运动的，因为我们要描述的对象和已知的任何事物都不同。正因如此，这一章是我这一系列讲座里最困难的，因为它既抽象又远离日常经验，我无法回避这一困难。如果我要讲一系列关于物理定律特性的讲座，却在这一系列讲座中省略了对小尺度上粒子实际行为的描述，那我肯定没有完成我的任务。这是自然界所有粒子共有的一个完全特征，并且具有普遍性，如果你想了解物理定律的特性，谈论这个特定的方面是至关重要的。

这确实难办。但这种困难实际上是心理上的，因为你总是反反复复问自己，"可是怎么会那样呢？"这种不断的折磨反映了一种无法控制但完全徒劳的愿望，即希望用熟悉的事物来理解其他事。而我不会用熟悉的事物来类比它，我将简单地描述它。曾经有一段时间，报纸上说只有 12 个人理解相对论。我不相信有过这样的时期。可能有过一个时期，只有一个人理解，因为在他写出论文之前，他确实是唯一一个掌握相对论的人。但在人们读了他的论文之后，很多人以这样那样的方式理解了相对论，总之肯定不止 12 个人。另一方面，我可以放心地说，没有谁真正理解量子力学。因此，不必太过严肃地对待我这场讲座，觉得自己必须要用某种模型来理解我描述的东西，你只需要放松，享受过程就好了。我会告诉你自然界是如何表现的。如果你愿意简单地承认也许她确实是这样表现的，你就会发现她的魅力和迷人之处。如果可以，千万不要总是问自己：“可是怎么会那样呢？”因为这样你会钻入一个谁也逃不出来的死胡同里。毕竟谁也不知道到底为什么会那样。

好了，让我来描述一下电子或光子在典型的量子力学方式下的行为模式吧。我会运用类比和对比的方式来讲解。如果我只使用类比是说不清楚的，必须用和我们熟悉的事物进行类比和对比来说明。首先讲的是粒子的行为，我将使用子弹做例子；然后讲的是波的行为，我将使用水波做例子。我会设计一种特殊的实验，并先告诉你在那个实验里使用粒子会是什么样的状况，如果用波做实验你又会发生什么，最后当实际用来做实验的是电子或者光子的时候，又会发生什么样的状况。我只会介绍这一个实验，因为它的设计包含了量子力学的所有奥秘，能让你完完全全地面对自然的悖论、神秘和特殊性。总而言之，量子力学中的任何情况都可以通过这一实验来解释。我要向你们介绍这场关于两个小孔的实验。它包含着普遍性的奥秘，我没有回避任何内容，我将以最优雅也最困难的形式展现自然。

我们先从子弹开始（图 6-1）。假设我们有一挺机枪充当子弹源，在它前面有一个装甲板，板上有一个可供子弹穿过的洞。离它相当远处有第二块板子，它的上面有两个小孔——这就是著名的双孔实验装置了。我还会多次提到这两个孔，所以我把它们分别叫作孔1和孔2。尽管图中画出的只是一个横截面，但你可以想象在三维空间里它们是两个圆形的孔洞。在离它相当远处安设另一块挡板，我们可以在上面不同的部位安装一个探测器，在子弹射击时它像一个沙盒，子弹会陷入其中，我们就可以对子弹计数。我将进行实验，计算当沙盒处于不同位置时，有多少子弹落入其中，为了描述这一点，我将测量盒子与某处的距离，并称这个距离为"x"，之后我将讨论若"x"改变，也就是上下移动探测器盒子时会发生什么。首先我要从三个方面将子弹理想化。第一，机枪不停摇摆扫射，使得子弹朝着不同的方向射出，而不是仅仅精确地沿着一条直线射出；子弹也可以在装甲板的小孔边缘上发生弹跳。第二，虽然不是很重要，但是子弹都具有相同的速率或者能量。第三点，与真实子弹最重要的区别是，我要求这些子弹都是绝对不可损毁的，这样我们在沙箱里找到的不是一些铅屑，不是碎了半颗的子弹，而是完整的子弹。请想象一些不可摧毁的子弹，或者坚硬的子弹和柔软的挡板。

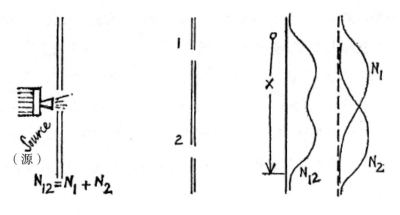

图 6-1

关于子弹，我们首先注意到的是，它们是以块状形式到来的。当能量释放时，它全部集中在一颗子弹中，伴随着一声巨响。如果你数一数，可能有一、二、三、四颗子弹，总之这些东西都是整块的。在这种情况下，假设它们的大小是相等的，那么当一颗子弹到来时，它要么完全在盒子里，要么完全不在盒子里。此外，如果我放置两个沙箱，只要机枪发射得慢一些，让我在两发子弹发射的间隙有足够的时间来查看两个盒子，我会发现两个盒子里永远不会同时有两颗子弹，因为了弹是一个可以单独识别的块状物。

现在我要测量的是一段时间内平均到达的子弹数量。假设我们等待 1 个小时，接着计算沙盒中的子弹数量并取平均值。我们可以将每小时到达的子弹数量称为子弹的到达概率，因为它反映了一颗子弹穿过狭缝抵达一个特定沙箱的机会。当改变"x"时，到达盒子的子弹数量自然会有所不同。如果我把沙箱在每个不同的位置放上 1 小时，并把这个小时内得到的子弹数目水平绘在图上，我会得到一条曲线，看起来或多或少就是曲线 N_{12} 这样，因为当沙箱正对着那些小孔时会得到许多子弹；而如果放得有点偏，就不会有那么多，因为那些子弹得在小孔的边沿上反弹才会走偏；最后，当沙箱移远时就得不到子弹，曲线也跟着消失了。曲线看起来像图上的曲线 N_{12} 那样，我们将 1 小时内开启 2 个小孔得到的子弹数目叫 N_{12}，指的是穿过孔 1 和孔 2 到达的子弹数目。

有一点我得提醒你们，那就是我在图上标出来的数字并不是整数。它可以是随便多大的数。尽管真实的子弹是整个到达的，但数值上可以是在 1 小时里有两颗半子弹。比如说你在 10 小时得到了 25 颗子弹，那么平均说来每小时就是两颗半了。有个笑话我相信你们都很熟悉，说的是美国每个家庭平均有两个半孩子。那并不意味着哪个人家真的有半个孩子，孩子都是一整个的，但是当你取每个家庭的平均值，得到的可以是任何数字。而现在 N_{12} 这个数字也是如此，它是每小时落到容器里的子弹数目的平均值，不一定是整数。它是一个技术性名词，指的是在一段指定长度的时间内到达的平均数目。

最后，如果我们对曲线 N_{12} 进行分析，可以恰好把它解释成两条曲线——N_1 和 N_2 之和。其中 N_1 代表的是孔 2 被前面的另一块装甲板堵上时，将会得到的子弹数量；N_2 则表示孔 1 被堵上，只能够从孔 2 穿过的情况。现在我们发现了一条十分重要的定律，即两个小孔都开启的时候得到的数目，就是穿过孔 1 到达的数目加上穿过孔 2 到达的数目。在这一命题里，要做的就是把它们加在一起，我称之为"无干涉"情况。

$$N_{12}=N_1+N_2 （无干涉）$$

以上是关于子弹的情况。讨论完子弹，现在我们重新开始，这次用水波（图 6-2）来做实验。现在的源是一个在水里上下摇晃的大质量物体。装甲板换成一排排的驳船或防波堤，中间有间隙供水波通过。或许用涟漪而不是大海浪来做实验听起来更合理。我上下摆动手指来制造水波，再放置一块小木块作为障碍物，上面开一个孔让波纹穿过。我还有第二个障碍物，上面开有两个小孔，最后安排一个探测器。用它来做什么呢？来探测水晃动的程度。举个例子，我放一块软木在水面上，然后测量它上下运动的幅度，这事实上就是测量软木块抖动的能量，它正好与水波所携带的能量成正比。还有一点，这种晃动是非常规则和理想的，每个波纹之间的间隔都是相同的。对于水波来说，我们测量的东西可以有任意大小，这一点十分重要。我们测量的是波的强度，或者是软木携带的能量，如果波纹非常轻微，或者我只是轻轻晃动手指，那么软木塞的移动就会非常微小。但是，无论它运动的幅度是多大，它的能量都是同水波的能量成正比的。它的大小是任意的，而不一定是整个的，更不会是全有或全无。

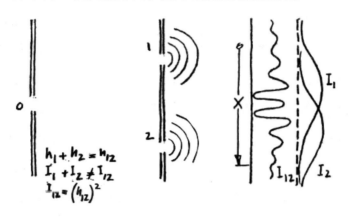

图 6-2

我们要测量的是波的强度，更准确地说，是波在一点上产生的能量。如果我们测量这个强度时会发生什么呢？我将称之为"I"，以提醒你它是一种强度，而不是任何类型的粒子数目。图 6-2 上画出的曲线 I_{12} 是当两个小孔都开启时的结果。它是一条有趣且看起来颇为复杂的曲线。如果我把探测器先后放在不同的位置上，我们就得到一条以一种特定方式强烈起伏的强度曲线。你们可能也知道这是为什么。原因是水波从孔 1 和孔 2 扩散出来时，都有波峰和波谷。如果我们处于两个孔的正中间，这样两个波同时到达，波峰就会叠加在一起，进而产生很大的晃动。在正中心，波动更为猛烈。另一方面，如果我把探测器移到离孔 2 比离孔 1 更远的某一点上，那么从孔 2 传过来的波动就要比从孔 1 传过来的稍晚一些，这样当从孔 1 传来一个波峰的时候，从孔 2 来的波峰还没有抵达，事实上也许从孔 2 来的是一个波谷，使得当水要向上涨的时候它又要向下落，受到来自两个洞的波的影响，最终结果是它可能根本不动，或者就是不会动。因此在这一处我们得到的是一个低凹点。如果我们继续把探测器拿远一些，使得延迟足够长，这时来自两个小孔的波峰又叠加在一起了，虽然有一个波峰事实上落后了整整一次波动，这样你就再次得到了一个凸出点，然后又是一个低凹点，一个凸出点，一个低凹点……结果如何都取决于波峰和波谷如何"干涉"。"干涉"这个词在科学中的用法很有趣。我们所谓的相长干涉，就指两个波相互干涉使强度增强。重要的是 I_{12} 不再是简单的 I_1 加 I_2，它显示了相长和相消干涉。我们可以通过封闭孔 2 得到 I_1，或者封闭孔 1 得到 I_2，从而看出 I_1 和 I_2 是什么样子。如果关闭一个孔，我们得到的强度仅仅是来自一个洞的波，没有干涉，也就是图 6–2 中显示的曲线那样。你会注意到 I_1 与 N_1 相同，I_2 与 N_2 相同，然而 I_{12} 与 N_{12} 却大相径庭。

事实上，曲线 I_{12} 的数学形式相当有趣。真实的情况是，如果我们把水的高度称为 h，那么当两个小孔都开启的时候，h 等于孔 1 开启时得到的高度 h_1，加上孔 2 开启时得到的高度 h_2。因此，如果从孔 2 来的是一个波谷，水的高度就是负值，会抵消掉孔 1 来的高度。你可以通过水的高度来表示强度，但结果表明，无论在什么情况下，如在两个小孔都开启的情况下，强度与高度是不一样的。事实上，它是同高度的平方成正比的。正因为我们处理的是平方，所以我们才得到了这些有趣的曲线。以上是水波的情况。

$$h_{12}=h_1+h_2$$
but（但）
$$I_{12}\neq I_1+I_2\text{（干涉）}$$
$$I_{12}=(h_{12})^2$$
$$I_1=(h_1)^2$$
$$I_2=(h_2)^2$$

现在我们重新开始，这次用电子（图 6–3）来进行实验。

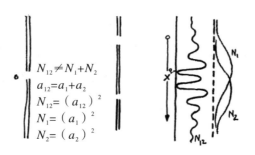

图 6-3

我们用一根灯丝作源，钨板作障碍物，钨板上有孔，而探测器可以是任何足够灵敏的电子系统，无论源具有何种能量，都能够捕捉到已到达的电子所带的电荷。如果你愿意，我们可以换用光子来代替电子，用黑色的硬纸来代替钨板——不过事实上黑纸不是很理想，因为纸张的纤维使我们得不到界限分明的孔洞，因而我们要用更合适的材料——而探测器则使用一只光电倍增管来探测单个光子的到达。两种情况各会怎样呢？我只会讨论电子的情况，因为光子的情况完全相同。

首先，当在电子探测器后面接上一台足够强大的放大器，我们听到的是咔哒咔哒的声响。咔嗒声的大小总是一样的。如果你把电子的源调节得弱一些，咔嗒声会变得稀疏一些，但它们的声音大小仍然相同。如果你把源调节得很强，信号则来得很快，还会堵塞放大器。因此你得把它调节得足够弱，这样才不会因为信号太频繁而给你的探测器造成负担。其次，如果你将另一台探测器放在一个不同的位置上，然后监听两者的信号，你绝不会在同一时刻听到两声咔哒声，至少在源足够弱并且你测量时间的精密度足够高的情况下是这样。如果你把源的强度降下来，使得电子到来得少并且每个之间隔得很开，它们就绝不会一次在两个探测器里给出咔哒声。这说明到达的东西是整个的——它有一个确定的大小，并且一次只到达一个地方。好了，既然电子或光子是成块来的，那么我们能做的和我们对子弹做的一样：我们可以测量到达的概率。我们要在不同地方固定探测器——实际上，如果我们不怕花钱的话，我们可以同时在所有地方放置探测器，这样就可以在瞬时得到整条曲线——但我们的方法是把探测器先后放到各个位置上，在每一处停留譬如一小时，然后测量一小时结束后有多少电子抵达，最后计算平均值。我们会得出怎样的数字呢？会是用子弹做实验时所得的 N_{12} 那种类型的曲线吗？图 6-3 显示的就是 N_{12} 曲线，那是我们在两个小孔都开启的时候得到的结果。这是一种自然现象，它所产生的曲线与你在水波的干涉中所得到的相同。自然产生的这种曲线代表什么呢？它代表的不是波动的能量，而是一颗颗电子到达的概率。

这背后的数学原理很简单。你把 I 换成了 N，那么你也得把 h 换成别的什么东西，它不再是某个东西的高度，而是一个新的量——于是我们发明了一个"a"，并称之为概率振幅，不过我们不知道它是什么意思。在这种情况下，a_1 是电子通过孔 1 到达的概率振幅，而 a_2 是电子通过孔 2 到达的概率振幅。为了得到总的概率振幅，你要把两者加在一起再平方。这是对波动情况的直接模拟，要得到同样的曲线，也要用同样的数学方法。

关于干涉，有一点我要讲清楚。我还没有说如果封闭其中一个孔会发生什么事。让我们假定电子只穿过一个小孔而来，并尝试这样来分析这条有趣的曲线。我们封闭一个孔，测量有多少电子通过孔 1，就得到了简单的曲线 N_1。或者我们可以封闭另一个孔，测量有多少电子通过孔 2，我们得到了 N_2 曲线。但这两种情况相加并不等同于 N_1 加 N_2，这确确实实地显示了干涉的现象。事实上，其中的数学关系可以由一个有趣的公式来体现，即到达概率是振幅的平方，而这个振幅又是两部分的和，即 $N_{12}=(a_1+a_2)^2$。问题是，为什么当电子通过孔 1 时有一种形式的分布，而当电子通过孔 2 时又会有另一种形式的分布，但当两个小孔都开启的时候，你所得到的分布并不是两者之和呢？举个例子，如果我把探测器放在 q 点，两个洞都打开，我几乎什么都接收不到。如果我封上两个小孔当中的一个，会得到许多电子；只封上另一个小孔也能得到不少。但是当我让两个小孔都打开的时候却什么也得不到——我想让它们能从两个小孔过来，而它们却一颗也过不来。我们再以中心点为例，你能看见这一点上的曲线高于两条单孔曲线之和。为了解释这　现象，如果你足够聪明，你也许会说那些电子会以某种方式来回绕洞穿梭，或者它们会做某种更加复杂的运动，又或者一个电子会分裂成两半然后各自穿过一个小孔，或者类似种种。然而，至今没有人能成功地给出令人满意的解释，因为所用到的数学终究十分简单，曲线也十分简单。

那么，我要总结说，电子是整个整个地到来的，就像粒子一样，但它们的到达概率就像波动强度的决定因素一样。正是在这种意义上说，电子的行为时而像粒子，时而像波。它在同一时间表现出两种不同的行为（图 6-4）。

TABLE（表）

BULLETS（子弹）	**WATER WAVES**（水波）	**ELECTRONS (PHOTONS)** ［电子（光子）］
COME IN LUMPS（整个到达）	CAN HAVE ANY SIZE（可有任意大小）	COME IN LUMPS（整个到达）
MEASURE PROBABILITY OF ARRIVAL（测量到达的概率）	MEASURE INTENSITY OF WAVES（测量波的强度）	MEASURE PROBABILITY OF ARRIVAL（测量到达的概率）
$N_{12} = N_1 + N_2$	$I_{12} \neq I_1 + I_2$	$N_{12} \neq N_1 + N_2$
NO INTERFERENCE（无干涉）	SHOWS INTERFERENCE（表现出干涉）	SHOWS INTERFERENCE（表现出干涉）

图 6-4

这就是我要讲的全部内容。我可以给出一个数学描述，让你们能计算电子在任何情况下到达的概率，原则上这将是讲座的结尾，除了自然的这种工作方式所涉及的一些微妙之处。有几件事很特殊，我正想讨论这些奇特之处，因为它们在这方面可能比较隐晦，让人难以察觉。

为了讨论这些微妙之处，我们首先讨论一个命题，我们原以为它是合理的。在电子的例子中，既然到达的事物是整个的，按道理来说显然一个电子要么只通过孔 1，要么只通过孔 2。很明显，如果它是一个整体的话，它就不可能做出另外的行为。我要来讨论这个命题，所以我得给它起个名字，我把它叫作"命题 A"。

现在我们已经初步讨论了当命题 A 成立的时候会发生些什么事。假若一个电子真的是要么只通过孔 1，要么只通过孔 2，那么到达的电子总数应当可以分成两部分的贡献之和，即到达的总数是通过孔 1来的数目加上通过孔 2来的数目。可是，最终得到的曲线并不能简单地分析为两个部分的和，而且只开孔 1或只开孔 2的实验发现，最终达到的总数也并不总是两个部分的和，那么很明显我们应该得出结论：这个命题是错误的。如果电子并不是要么只通过孔 1要么只通过孔 2，可能它自己暂时分成两半或者别的什么东西，这样命题 A 就错了。按逻辑说就是这样。不幸的是，或者说幸好，我们能够通过实验来检验其中的逻辑。我们要查明电子究竟是不是要么只通过孔 1要么只通过孔 2，还是说电子会同时穿过两个小孔并且暂时分裂，或者有别的情况。

我们所要做的就是观察它们。为了观察它们，我们需要光照。因此我们在洞后面放置一个非常强的光源。光会被电子散射，从电子处反弹开来，所以如果光足够强，你就可以看到电子经过时的情况。我们先退后站好，然后我们注视着当一颗电子被计数时，或是被计数之前看到的景象，是在孔 1 或者孔 2 的后面发出一下闪光，还是在每一处同时发出一半的闪光。我们现在将通过观察来发现情况究竟如何。我们打开光源并观察，这样，在发现每次探测器记下一数时，我们要么看到孔 1 后面的闪光，要么看到孔 2 后面的闪光。我们发现的是，当我们观察时，电子百分之百地、完整地通过孔 1 或孔 2。这真是一个悖论！

让我们给自然界出个难题吧，我会向你们说明我们要做什么。我们要让灯一直亮着，然后我们观察并数出有多少颗电子穿过来。我们会分两栏来记录，一栏记的是从孔 1 过来的，另一栏则是从孔 2 过来的，当每一颗电子到达探测器的时候，我们会在相应的那一栏里记下它是从哪一个小孔过来的。当我们记录不同位置的探测器所得数值时，孔 1 的那一栏会是怎样？如果我从孔 1 后面观察，会看到什么呢？答案是，我看到了曲线 N_1（图 6-3）。那一栏的分布正如我们所想的把孔 2 封闭起来时的那样，无论我们是否在注视，分布情况都差不多。如果我们封闭孔 2，我们得到的分布与我们观察孔 1 所看见的电子到来的分布是一样的；类似地，通过孔 2 到达的电子数目也是一条简单的曲线 N_2。目前看来，总的到达数目应当是总计的数目，即数目 N_1 加上数目 N_2，因为每一颗过来的电子都已经核对过了，不是记在栏 1 上就是记在栏 2 上。总的到达数目绝对应当是这两者之和，也就是说应当按 $N_1 + N_2$ 分布。但我说过了，它是按曲线 N_{12} 分布的。不，它是按 $N_1 + N_2$ 分布的。是，它就是这样，应该是而且的确是这样的。如果我们用撇号标记开灯时的结果，那么 $N_1{'}$ 几乎和没有开灯时的 N_1 相同，$N_2{'}$ 也几乎和 N_2 相同。但当灯点亮并且两个小孔都开启时，我们看到的数目 $N_{12}{'}$ 等于看到通过孔 1 过来的数目加上通过孔 2 过来的数目。这是有光照的情况下我们得到的结果。当我点亮或者熄灭灯的时候，会得到不同的结果。如果我打开灯，分布曲线是 N_1+N_2；如果我关上灯，分布曲线是 N_{12}；再点亮灯，它又变回 N_1+N_2 了。你看看，自然界陷入困境了！那么，我们可以说，光影响了结果。有光照和没有光照时，你会得到不同的结果。你也可以说光影响了电子的行为。虽然通过这一实验来谈论电子的运动有点不大精确，但你也可以说光影响了运动，使得那些本来会到达曲线极大值处的电子，因为受到光的某种影响而偏离或错过了，结果落到了极小值处，于是就使得曲线变得平滑，产生了形状简单的曲线 N_1+N_2。

电子是非常敏感的。当你观察棒球的时候，不论你是否用光照着它，他的运动路径都不会有什么改变。但当你把光照到一颗电子上时，电子会受到冲击，它的行为也就随之发生变化，因为你打开了灯，而对电子来说光实在太强烈了。假设我们尝试将光调暗，直到非常微弱，然后使用能探测到极微弱光线的非常精细的探测器，并用微弱的光进行观察。随着光线越来越暗，你不能指望这种很微弱的光能完全影响电子，将其模式从 N_{12} 彻底改变为 N_1+N_2。随着光线变得越来越弱，情况应该愈发趋近于无光。那么一条曲线是如何变成另一条曲线的呢？但光当然不像波。光也以类似粒子的特性出现，我们称之为光子，当你调暗光的强度时，你并没有调暗显示效果，而是在减少从光源发出的光子数量。当我减弱光照时，我得到的光子越来越少。能够从电子散射开来的至少是一颗光子，如果光子太少，那么当没有光子过来的时候，电子会直接穿过去，在这种情况下我们就看不到那些电子了。因此，非常微弱的光并不意味着干扰小，它只是意味着光子少。这样一来，使用非常微弱的光时，我不得不在标题下增加一个名为"没看到"的第三栏。当光照非常强的时候，这一栏里只有很少的记录，而当光照非常弱时大多数电子都落到这里了。因而这里有三栏：孔 1、孔 2 和没看见。你们能够想得出发生了什么事。我真正看到的电子是按照曲线 N_1+N_2 分布的，我没有看到的电子是按照曲线 N_{12} 分布的。当我把光照调节得越来越弱的时候，我看到的电子越来越少，看不到的则越来越多。在任何情况下实际的曲线是两者的混合，因而当光照减弱时，分布曲线就以一种连续的方式越来越趋近 N_{12}。

或许你会提出许多种不同的能够查明电子从哪一个小孔穿过的方法，但我不能够在这里一一讨论了。然而结果总是表明，无论你以何种方式安排光照，都不可能在不干扰电子到达模式、不破坏干涉的情况下，判断电子通过了哪个小孔。不仅仅是光，其他任何东西——无论你使用什么，在原则上都是不可能做到这一点的。如果你愿意的话，你能发明出许多方法来查明电子从哪一个小孔穿过，结果表明它总是从这一个或者那一个小孔穿过。但是如果你试图造出一种仪器，使得它在此同时不扰动电子的运动，那么结果就是你将无法得知电子从哪一个小孔穿过，并且你会再次得到一个复杂的结果。

海森堡在发现量子力学定律时注意到，他发现的新自然定律只有在一些基本的、以前未被认识到的实验能力限制时才能保持一致。换句话说，在实验中，你永远做不到你希望的那样精细。海森堡提出了他的不确定性原理，用我们自己的实验来说，就是以下几点（他用了另一种方式来表达，但两种表述是完全等价的，你可以从一个推导出另一个）。"不可能设计出任何装置，来确定电子从哪一个小孔穿过，而不会同时给其他电子带来足够的扰动，以至于破坏干涉图样。"没有人发明出能够绕过这个困难的设备。我肯定你们都跃跃欲试、渴望发明出方法来检测电子通过了哪个洞；但如果仔细分析每一个方法，你会发现其中都有问题。你可能以为你能在不干扰电子的情况下做到这一点，但结果总是有问题。而且你总是会发现，正是这些探测电子通过的孔的仪器带来干扰，才导致分布样式发生了变化。

这是自然界的基本特性，并且告诉了我们万物的某种共性。假若明天发现了一种新的粒子，K子——实际上K子早已被发现，但为了命名方便，就姑且让我们这样叫它——并且我用K子去同电子相互作用以确定电子从哪一个小孔穿过。我希望我事先已经知道，这种新粒子的行为做不到既可以用来查明电子从哪一个小孔过来，同时又不对电子产生扰动，使得分布样式从干涉变成无干涉。因此，不确定性原理可以被当作一个普遍原理，来预先猜测许多未知对象的特征。它们是受到自身类似本性的限制的。

让我们回到我们的命题A——"电子必定要么通过这个小孔，要么通过那个小孔"。它对不对？物理学家们有一种方法避免此处存在的陷阱。他们采取了如下一些思维规则。如果你有一套装置，能够用来查明电子从哪个小孔过来（你确实能够有这样一套装置），那么你就能够说出它是从这个小孔还是从另一个小孔过来的。事实确实如此，电子总是从这个小孔或者从那个小孔过来，只不过是当你在注视着它的时候。但当你没有用仪器去确定时，你就无法说它要么从这个小孔要么就从那个小孔过来。（你总是能够那样说——只要你立刻停止思考并且不由此做出推论来。而物理学家们宁愿不那么说，也不愿在那一刻停止思考。）当你没有经过观察就断定它要么通过这个洞要么通过另一个洞，这会导致预测错误。如果我们想要解释自然，这就是我们必须行走的逻辑钢丝。

我正在谈论的这一命题是有普遍意义的。它不仅对两个小孔的情况成立，而且是一条普遍的命题，它可以做如下陈述。在一个理想实验中的任何事件发生的概率，都是某个东西的平方，在这一情况下我将这个东西称为"a"，即概率振幅。而所谓的理想实验，指的是其中每一样东西都尽可能详尽地规定好的实验。当一个事件有几种不同的发生方式时，概率振幅，即数字"a"，是每种不同选择的"a"数之和。如果进行的实验能够确定采取了哪种选择，事件的概率就会改变；它变成了每一种不同的可能方式的概率之和。也就是说，你失去了干涉。

现在的问题是，它到底是怎样运作的？是什么机制导致了这种事？没有人知道是什么机制，也没有人能够对这种现象给出比我更加深入的说明，而我做的也仅仅是一种描述。他们可以给你一个更广泛的解释，也就是说，他们可以做更多的示例来展示根本不可能在不破坏干涉图样的情况下，同时确定电子通过了哪个洞。他们能够给出更加广泛的实验，而不只是双缝干涉实验。但那不过是重复着同样的东西来进行推理，只是更广泛了，却一点也没有深入。数学能够更加精确；你能注意到概率振幅是复数而不是实数，此外还有两三个次要的点，但那并不会影响主要的概念。而我所描述的就是那深奥的谜团，而且至今没有谁能够给出更加深入的说明。

迄今为止，我们计算的都是电子到达某点的概率。问题是有没有办法确定单个电子真正到达的位置呢？当然，我们并不反对运用概率论，那是在情况复杂时计算概率的一种方法。我们把一颗骰子抛到空中，它会受到各种不同阻力的影响，受到原子和那些复杂作用的支配，我们完全愿意承认自己对其中的细节所知不多，不足以做出确切的预言；因而我们只能计算出事情会按照这样或那样的方式发生的可能性。但我们在这里所讲的，不是自始至终都是可能性吗，物理学的基本定律里不都包含概率吗？

假定有一个实验，在关灯的情况下，我能观察到干涉现象。但是即使开着灯，我也无法预测电子会通过哪个小孔。我只知道每次我观察它的时候，它要么通过一个孔，要么通过另一个孔；但是没有办法预测到底是哪一个小孔。换句话说，未来是不可预测的。不可能事先凭任何资料以任何方式预言电子会通过哪一个小孔，或者会在哪一个小孔后面看到它。如果物理学最初的目的是（而且每个人都认为是这样）了解足够多的信息，以便在给定条件下能够预测接下来会发生什么，那么从某种程度上说，物理学已经"放弃"了这个目标。现在的情况是这样的：有电子源、强光源、开了两个小孔的钨板，告诉我，我会在哪一个小孔后面看到哪颗电子？一种理论认为，你无法说出你要观察的电子会穿过哪一个小孔，因为它是由某种潜藏在电子源里的非常复杂的东西决定的。它的内在有自己的运行机制，这决定了它会穿过哪一个小孔；那是 50% 的概率，就像色子一样随机。现在的物理学还不完备，如果完备，我就能够预言电子会从哪一个小孔过来了。以上这个理论被称为"隐变量理论"。这个理论不可能是真的，因为我们无法做出预测，并不是由于缺乏详细的知识。

我说过，如果我关上灯就会得到干涉图样。如果我处于一种能得到干涉图样的情况，那么就不可能分析出电子是从孔 1 还是孔 2 穿过，因为作为概率分布的干涉曲线是那么简单，它在数学上和其他两条曲线完全不同。如果当初我们有可能在开灯的情况下确定电子将通过哪个孔，那么无论我们是否打开灯都无关紧要。无论在我们观察的电子源里有怎么样的运行机制，并且它能让我们知道电子是穿过孔 1 还是孔 2，我们都可以在没有光照的情况下观察到，每一颗电子是从哪一个小孔过来的。但如果我们能做到这一点，得到的曲线就必须表示为通过孔 1 的电子和通过孔 2 的电子之和，而事实并非如此。那么，在实验设置得当，即使灯熄灭也能产生干涉的情况下，无论灯是打开的还是熄灭的，我们都不可能提前获得任何关于电子将通过哪个小孔的信息。让自然看起来具有概率性的，并不是我们对其内部机制和复杂性的无知。它似乎是某种内在的特性。有人这样说过——"自然界本身甚至都不知道电子要走哪条路"。

有一位哲学家曾经说过："科学真正存在所必需的，是在同样的条件下总是产生同样的结果。"然而事实却不是这样。你设置好了环境状况，保证了每一次都有相同的条件，然而你并不能预测会在哪一个小孔后面看到电子。不过，尽管相同的条件不一定产生相同的结果，但科学照样在向前发展。我们不能够精确地预言会发生什么事，这使我们感到烦恼。顺带一提，你能够想出一种非常严重又危急的状况，人类必须知道将要发生什么，可你仍然不能预测。例如，我们可以设计一个方案（最好不要这样做，但我们确实可以做到）：我们设置一个光电管并让一个电子通过，如果我们在孔1后面看到它，我们就释放笼中猛虎；如果我们在孔2后面看到它，我们就打开和平鸽的囚笼。如此一来，人类的未来将取决于某种科学所不能预测的东西。未来是不可预测的。

科学之所以存在的必要条件，以及自然的特性，并非由华而不实的先决条件所决定，而始终由我们研究的物质、自然本身所决定。我们去观察、理解我们所找到的，但是我们无法成功地提前说出它将是什么样子。实际情况和最合理的推测往往并不相符。如果科学要进步，我们需要的是实验的能力，还要忠于实验结果——结果必须被如实报告，而非按照某人的喜好和设想报告——最后一件重要的事情则是解读结果的智慧。关于这种智慧的一个重要的点是，你不应该事先假定什么事必将发生。你可以有偏见，说"某某事不太可能发生，我不喜欢它"。偏见和绝对肯定是不同的。当然，我不是指那种绝对的偏见，而是指一种倾向。如果你仅仅带着偏见，那并不要紧，因为如果你的偏见是错误的，种种实验的持续积累会不断地烦扰你，直到你必须正视它们。只有你事先绝对肯定科学要有某些预设条件，才能够对它们置之不理。事实上，科学真正存在所必需的，是在思想上不承认自然界必须满足哲学家所主张的那些先入为主的要求。

第 7 章

寻找新定律

严格说来，我在这一讲里想要谈的不是物理定律的本性。也许有人想，人在谈论物理定律的本性时，就是在谈论大自然；但我并不想去讨论大自然，而是想谈论我们现在和自然界有什么样的关系。我要告诉你们，我们认为我们知道了些什么，有哪些是需要猜想的，以及我们是怎样进行猜想的。有人建议，如果我讲下去，进而逐步说明怎样猜测出一条定律，最后真的为你们创造一条新的定律，那就再好不过了。但是，我不知道我能不能做到这一点。

首先，我想告诉你们现状如何，我们在物理学上知道些什么。你们可能认为我已经把一切都告诉你们了，因为在之前的讲座中，我已经告诉你们所有已知的重大原理。但那些原理必然是关于某些东西的原理——能量守恒原理同某些事物的能量有关，量子力学定律是关于某些事物的量子力学定律——但所有这些原理加在一起仍然没有告诉我们，我们所谈论的自然界的究竟。那么，我会告诉你们一些东西，正是在这些东西的基础上，所有这些原理才得以运作。

首先有物质——并且，令人惊奇的是，宇宙间的所有物质都是相同的。我们已经知道，组成各个恒星的物质与地球上的物质是相同的。那些恒星发出的光的特性使其就像一种指纹，通过它可以判断哪里有和地球上种类相同的原子。生物和非生物似乎都有相同种类的原子；青蛙和石头也由同样的一些原子构成，只是排列方式不同。这使得我们的问题更简单了：除了原子没有别的东西，万物皆是如此。

原子似乎都有相同的基本结构。它们有一个原子核，核周围被电子围绕。我们可以列出我们认知中的、已知世界的组成部分（图7–1）。

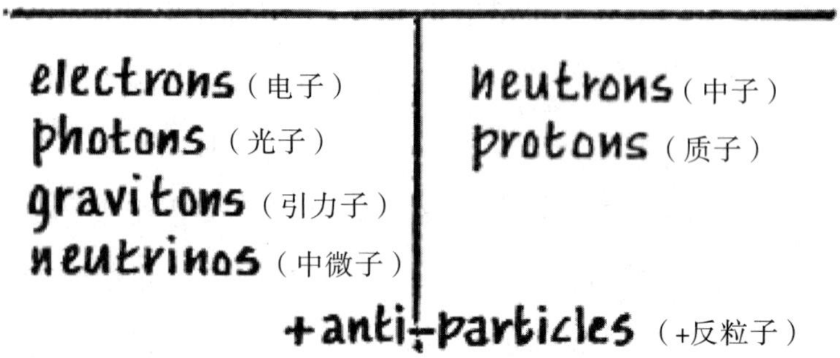

electrons（电子）　neutrons（中子）
photons（光子）　protons（质子）
gravitons（引力子）
neutrinos（中微子）
+anti-particles（+反粒子）

图 7-1

首先有电子，它们是原子外围的粒子。其次是原子核。但如今我们知道原子核本身是由两种被称为中子和质子的粒子组成的。我们需要观察恒星，观察原子，它们会发射光，光本身又是由叫作光子的粒子来描述的。最初我们讨论了引力，如果量子理论是正确的，那么引力也应该有某种表现得像粒子的波，这些波被称为引力子。如果你不相信这一点，简单地称之为引力即可。最后，我提到了所谓的 β 衰变，在这种衰变中，一个中子可以分解成一个质子、一个电子和一个中微子——实际上可能是一个反中微子，这就出现了另一种粒子——中微子。除了我列出的所有粒子之外，当然还有所有对应的反粒子。这短短的一句话，就使得粒子的数量翻了 1 倍，却没有出现复杂之处。

有了我列出的这些粒子，我们就可以解释所有低能量现象，也就是迄今为止我们所知道的、在宇宙中发生的一切普遍现象。当然也有例外，有时一些非常高能量的粒子的行为不在此范畴内，此外，我们已经能在实验室里发现一些奇特的现象。但是，如果我们排除这些特殊情况，所有普遍现象都可以通过粒子的作用和运动来解释。例如，生命本身在原则上应该是可以通过原子的运动来说明的，而那些原子是由中子、质子和电子构成的。我必须立刻指出，我们所说的"原则上说明"，只是说如果我们能够弄明白每一件事情，就会发现，为了说明生命现象，在物理学上并不需要发现什么新的东西。另一个例子是恒星发出能量这件事，太阳能或者恒星的能量，大概也可以用这些粒子之间的核反应去说明。至少我们目前所知道的，原子行为方式的所有类型的细节，都可以用这种模型来精确地描述。事实上我可以说，在今天我们所知道的各种现象的范围内，没有什么现象是我们不能够按照这种方式来说明的，甚至也没有什么现象还蕴含着更加深奥的秘密。

从前并不总是能做到这一点。例如，有一种现象叫作超导，它的意思是金属在低温下无电阻地传导电流。一开始我们并没有明显看出这种现象是已知定律的结果。但是现在经过足够仔细的思考，我们实际上完全可以用已掌握的知识解释这一现象。还有像"超感知觉"等别的一些现象，是不能够用物理学知识来说明的。然而那种现象尚未真正被确认，因而我们不能确信其存在。当然如果它能够被证实，那就说明物理学还不完善，因此物理学家们对其是否真的存在十分感兴趣。许多实验表明它是行不通的。占星术的影响也是如此。如果星相真的会影响哪一天是看牙医的吉日良辰——在美国我们就有这一类的占星术——那么物理学理论就会被证明是错的，因为没有一种原则上可被理解的、从粒子的行为出发的机制能够解释这种事情。这就是为什么科学家对于那些观念总是持怀疑态度。

另一方面，对于催眠术，起初人们对它还不完全了解时，似乎认为那也是不可能的。现在对于催眠术，我们有了更深的了解，意识到催眠术是通过正常的、尽管目前还未知的生理过程发生的，并非绝对不可能；它显然并不需要某种特殊的新力量。

今天，虽然我们关于在原子核外发生的事情的理论看起来似乎已经很精密和完善了，这指的是只要给我们充分的时间，就能够计算出这方面的任何问题，并达到测量的精度。但事实证明，我们对组成原子核的中子和质子之间的作用力还不完全了解，也根本不太理解。我的意思是，我们今天对中子和质子之间作用力的理解还不够，哪怕给了我充足的时间和强大的计算机，我也无法精确计算出碳核的能级，或者做出类似的计算。我们的知识还不够。虽然我们能够计算出原子里外部电子的能级，但对原子核还做不到这一点，因为我们还没有充分了解核力。

为了加强这方面的了解，实验家们继续研究非常高的能量下的现象。他们以非常高的能量使中子和质子相互撞击，以产生一些奇特的事物，通过研究这些奇特的事物，我们希望能更好地了解中子和质子之间的力。这些实验已经打开了潘多拉的盒子！尽管我们最初只是为了更好地了解中子和质子之间的力，但当我们让这些东西强烈地撞击到一起的时候，我们发现世界上存在着更多的粒子。事实上，在尝试理解这些力的过程中，我们挖掘出了超过 48 种其他的粒子；我们把这些其他粒子放到中子 / 质子那一栏（图 7-2）里，因为它们与中子和质子相互作用以及中子和质子之间的力有关。

electrons（电子）	neutrous（中子）
photons（光子）	protons（质子）
gravitons（引力子）	
neutrinos（中微子）	
mu mesons (muons)[缪子(μ介子)]	(+ over 4 dozen more)
mu neutrinos（缪中粒子）	（+另外48种以上其他粒子）

+ all anti- particles
（+反粒子）

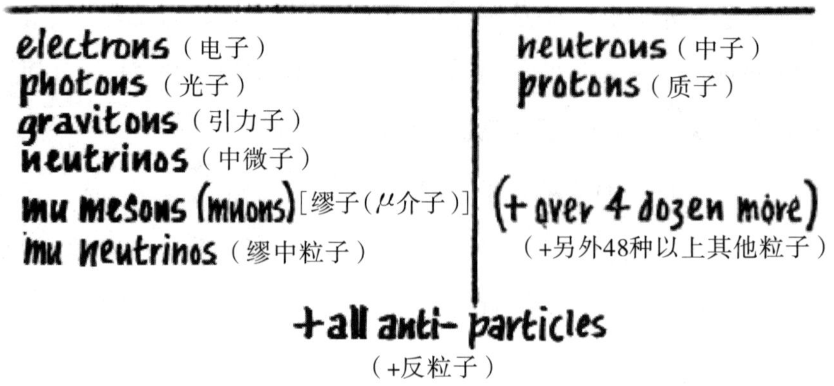

图 7-2

此外，当实验家们在这个泥淖里深掘的时候，还挖出了两种同核力问题无关的粒子。其中之一叫作 μ 介子或者 μ 子，另一种是与之相伴的中微子。中微子有两种，一种伴随着电子，另一种伴随着 μ 子。顺便说一下，非常令人惊奇的是，现在我们知道了有关 μ 子和它的中微子的所有定律，就我们能够用实验检验的而言，定律表明它们的行为与电子及其中微子一模一样，只不过 μ 子比电子重 207 倍，但那是它们之间已知的唯一差别，真是奇怪。其余的 48 种粒子是一个令人生畏的阵势——更别提还要加上它们的反粒子。新的粒子有各种不同的名称，介子、 π 、K、 Λ 、 Σ ……叫什么都没关系，毕竟 48 种粒子得起多少名称啊！但事实证明，这些粒子是以家族形式出现的，这对我们多少有所帮助。实际上，这些所谓的粒子中有一些存在的时间实在太短，以至于人们争论是否真的能确定它们的存在，但我不打算参与这场辩论。

为了说明粒子家族的概念，我将以中子和质子为例。中子和质子具有几乎相同的质量，相差不到千分之一。一个是 1836 倍于电子的质量，另一个是 1839 倍。更值得注意的是，对于核力，即原子核内部的强相互作用力而言，两个质子之间、一个质子和一个中子之间及两个中子之间的力是相同的。换句话说，从强核力的角度来看，你无法看出质子和中子有什么不同。因此，这是一种对称定律：在只讨论强相互作用的情况下，中子可以替换为质子，而不会引起任何改变。但如果真的将中子替换为质子，会有一个巨大的差异，那就是质子带有一个电荷，而中子没有。通过电学测量，你可以立即看到质子和中子之间的差异，所以这种可以互相替换的对称性，我们称之为近似对称性。它适用于强相互作用的核力，但在任何深刻的自然意义上并不正确，因为它在电学上并不成立。这就是所谓的部分对称性，而我们需要同这些部分对称性作斗争。

现在，随着粒子家族的扩展，我们发现中子与质子这种替代关系可以扩展到更广泛的粒子范围，但精确度却降低了。中子总能替换成质子的说法只是近似的——这在电学上不成立——但已经发现的更广泛的这一类替换，对称性可能更差。然而，这些部分对称性帮助我们把各种粒子编成一个个家族，从而找出族谱里面空缺的位置，进而发现新的粒子。

这种猜测家族关系等初步探索的游戏，说明了在真正发现一些深刻和基本的定律之前，我们与自然进行的初步较量。在从前的科学历史中，这一类的例子非常重要。例如，门捷列夫 [1] 发现元素周期表就类似于这种游戏，它是第一步；而用原子理论给出元素周期表来由的完整描述则要晚得多。同样，对核能级知识组织整理的工作是梅厄和简森在多年前做出的，他们由此提出了所谓核的壳层模型。物理学像是一场类比游戏，近似的猜测可以降低问题的复杂性。

除了这些粒子，还有先前谈到过的所有原理，包括对称性原理、相对性原理，以及那些必定表现出量子力学性质行为的东西；最后，将这些同相对论结合起来，所有的守恒定律都必须是定域的。

如果我们把所有这些原理摆到一起，我们发现它们的数目太多了，而且彼此之间并不契合。如果我们采用量子力学、相对论，把所有命题都限制在定域中，加上几条默认的假设，最后就会得到矛盾的结果。我们在计算时会得到无穷大，而如果我们得到无穷大，又怎么能够说这与自然相符呢？我上面提到的那些默认的假设的一个例子如下，我们太过于偏于己见，因而无法理解其真正的含义。如果你计算

---

[1] 德米特里·伊万诺维奇·门捷列夫（Dimitri Ivanvitch Mendeleev），1834—1907，俄国化学家。

每一种概率实现的机会，比方说这个事件发生的概率是 50%，那个事件发生的概率是 25%，等等，这些概率加起来应当等于 1。我们想如果你加齐了所有可能性，就应当得到 100% 的概率。那看来很合理，但合理的东西常常会出问题。另一条这样的命题是，某种东西的能量必定总是正的，不可能是负的。还有一条命题可能在我们遇到不一致性前就早已先入为主，它叫作因果性，意思大概是结果不能够出现在原因之前。实际上没有人做出过不顾概率，或是不顾因果性的模型。因果性也是同量子力学、相对论、定域性等相融洽的。因而我们真的不知道，我们的各项假设里究竟是什么东西导致我们得到"无限大"这一难题。这是一个很好的问题！然而，我们并明白了，借助于某种生硬的技巧，可以先掩盖无穷大，使我们暂时得以继续做计算。

好了，这就是目前的情况。现在我要讨论的是，我们如何去寻找一个新的定律。

一般说来，我们是通过以下步骤来寻找新定律的。首先我们对它进行猜想。然后依据猜想进行计算，看看如果这一猜想是正确的，会有什么样的结果。接下来我们把计算结果与自然、实验或经验进行比较，与观察到的现象直接比较，看看它是否吻合。如果它与实验不相符，那么它就是错误的。注意，这句话虽然简单，却蕴含着科学的钥匙。不管你的猜想看起来多么天衣无缝，不管你有多聪明，也不管是谁做的猜想，只要与实验结果不一致，它就是错误的。事情就是这样。为了确定猜想不正确，我们确实要检查一下，因为无论是谁做实验都会有不准确的时候，或者在实验中有某些没有注意到的性质，混入某些尘埃或者别的什么东西；或者计算出结果的那个人，也可能在分析当中出错，哪怕他就是提出猜想的那个人。这些都是明显值得注意的地方。因此我说如果它与实验结果不符它就错了，我指的是在实验经过检查、计算，经过复核，事情被反复推敲几次，以肯定所得到的结果的确是那种猜想的逻辑推论，但是事实上它依旧和仔细检查过后的实验结果不相符合。

这会给你一种对科学的错误印象。就好像我们要做的是不断猜测各种各样的可能性，然后把它们同实验比较，这似乎把实验放到一个相当不重要的位置上。但事实上实验者具有一定的个性特征。即使还没有人做出猜想，他们依然会做实验，他们也经常在理论家尚未做出任何猜测的领域进行实验。举例来说，我们也许知道许多定律，但并不知道它们在高能量的条件下是否成立。而实验者已经尝试进行高能量下的实验，并且事实上实验总是时不时产生麻烦，有时实验结果还会证明我们原来认为是对的东西变得不再正确。实验能够以这种方式产生意想不到的结果，启发我们再提出猜想。μ子和伴随它的中微子是个很好的例子：在它们被发现之前，完全没有任何人会猜到它们的存在，即使到了今天，依然没有人有任何方法能够自然地猜到这一结果。

当然你能看到，用这种方法，我们能够尝试去证伪任何现成的理论。如果我们有一种现成的理论，一种真实的猜想，那么我们不难计算出结果并将其与实验比较，因此原则上我们可以推翻任何理论。任何确定的理论都有可能被证明是错误的。但要注意的是，我们永远也无法证明它是对的。假设你想到了一种很好的猜测，计算出了结果，并且发现每一次你计算出的结果都同实验相符，那么这种理论就是正确的吗？不，它只不过是还没有被证明为错误的而已。将来你可以计算出它在更加广泛范围内的结果，也会有更加广泛的实验，而那时你也许会发现那猜想是错的。这是为什么牛顿定律等适用于行星运行的各种定律延续了那么长时间。他猜到了引力定律，计算出行星系统的所有种类的结果，将它们同实验结果比较——这样经过了几百年，直到人们观察到了水星运动的轻微误差。在那一整段时期里，他的理论没有被证明为错，因而可以暂时当作是对的。但它永远也不会被证明为正确，因为也许明天的实验就会成功地证明，你以为是对的东西结果却是错的。我们永远也不能够确定我们是对的，我们只能够肯定我们错了。然而，我们的一些想法能够持续如此之久，这实在是令人惊叹。

让科学止步不前的方法之一，是只在已经掌握了定律的领域内做实验。但实验家们为之孜孜不倦地奋斗的，恰恰是那些看来最有可能证明我们的理论是错误的研究。换句话说，我们正在尽可能快地证明我们自己错了，因为只有通过这种方式我们才能进步。例如，在今天的普通低能量现象中，我们不知道在哪里寻找问题，我们认为一切都很正常，因此在核反应或超导性的研究中没有特别的大项目去寻找问题。在这些演讲里，我集中要讲的是基本定律的发现。整个物理学，包括运用基本定律去加深对超导或者核反应等现象的理解，所有内容都是很有趣的。但我现在正在讲的是发现问题，发现基本定律里的错误。由于在低能量现象里谁也不知道要去哪里寻找，因此今天在这一领域里所有重大实验都旨在发现高能量下的新定律。

我必须指出的另一点是，你不能证明一种模棱两可的理论是错的。如果你提出的猜测表达不清且相当模糊，你用来计算结果的方法也有点含糊——你无法肯定，于是你说，"我想一切都没有问题，因为它都是由这样那样得来的，如此这般地做，那么多少我大概可以说明这是怎么回事……"那么你看到了，这可真是个好理论，因为我们无法证明它是错的！此外，如果计算的过程不明确，那么一些小小的技巧就可以把任何实验结果修整得同所期待的一样。你可能熟悉另一领域里的这个故事吧。某人怨恨他的母亲，理由是他小时候没有得到她的足够呵护和关爱。但如果你仔细调查，你会发现那时候她其实十分爱他，一切都很正常。原来，这正是因为当他还是一个小孩时，母亲溺爱他了！由一种模糊的理论出发，有可能得到截然相反的结果。有个办法能解决解决这个问题。如果事先有可能说清楚爱到什么程度是不够，又到什么程度是溺爱，那么就会有一种合理的理论供你做试验了。不过指出这一点时人们常常说，"处理心理问题的时候，你没法把事情定义得那么清楚。"是这样没错，既然如此，你也就不能声称对此有所了解。

当你听到在物理学里我们也有一些完全相同类型的例子时，你也许会感到震惊。我们有这些近似对称性，它们起的作用如下。你根据一组近似对称性数据计算出假定它严格成立时的一组结果，在同一个实验中比较时，这些结果并不符合。当然——你假定的对称性是近似的，因而如果计算结果同实验很相符，你会说，"太好了！"如果两者很不相符，你又会说，"好吧，看来对称性恰好在这个特定的问题上失效了。"你们或许会觉得好笑，但我们只能以这种方式去寻求进展。当面对全新的问题、全新的粒子时，这种到处试探，"凭感觉"来猜想结果的方法，正是科学的开端。物理学里对称性命题的精确程度，同心理学里的命题是一样的，因而你们还是不要笑得太过分了。一开始必须非常小心，我们很容易因为这种含糊的理论而陷入绝境；我们很难证明它是错的，只有凭借某种技巧和经验，才不至于在这种游戏中误入歧途。

在猜想、计算结果和与实验比较的过程中，我们可能会卡在不同的阶段。如果我们脑子空空，就会卡在猜想阶段。我们也可能会在计算的阶段陷入困境。例如，汤川秀树[①]在 1934 年提出一个关于核力的想法，但是因为用到的数学太困难，谁也算不出结果，因而无法把他的想法同实验结果比较。那些理论被长期束之高阁，直到我们发现了所有汤川当时没有考虑到的其他粒子，因此毫无疑问，实际情况远不是汤川提出的那么简单。另外你也可能卡在实验那一头。例如，引力的量子理论进展得很缓慢——说实话也不知道能不能算是进展。因为你们能够做的所有实验，都不能同时涉及量子力学和引力。同电磁力相比较，引力实在太微弱了。

我是一名理论物理学家，因此更热衷于问题的理论部分，现在我想集中谈一谈如何做出猜想。

正如我之前所说，猜想从何而来并不重要，重要的是它应该与实验结果一致，并且尽可能清楚明确。你会说，"那做起来很容易。你装设好一台巨大的计算机，里面有一个随机转盘，用来做出一系列猜想，每一次它猜出一个关于自然界应当如何运作的假设，立刻就计算出结果来，并且同另一头的一张实验数据单做比较。"换句话说，哪怕是个笨蛋也能做猜想。可事实正好相反，下面我会解释为什么这样说。

第一个问题是如何开始。你说，"嗯，我会从所有已知的原理开始。"但所有已知的原理彼此之间是不一致的，所以必须去掉某些东西。我们收到很多封群众来信，坚持认为我们应该在我们的猜想中留有一些空缺。你们看，你要留出一些空缺，好给新的猜想留位置。有些人说："你知道，你们这些人总是说空间是连续的，但是如果当尺寸小到一定程度时，你怎么知道那里真的排满了足够多的点，而不是

---

① 汤川秀树（Hideki Yukawa），1907—1981，日本物理学家，京都大学基础物理学研究所所长，1949 年诺贝尔物理学奖获得者。

有许多个彼此间隔距离很短的点呢?"还有人会说,"你们告诉了我量子力学振幅,它们实在太复杂又荒谬了,你们凭什么认为它们是对的呢? 也许它们不对呢?"这样的一些议论,对于在这个问题上工作的任何人说来,答案都是显而易见的。仅仅指出来这一点是无济于事的。问题不只在于什么也许不对,更在于什么能够替代这些不对的东西。以空间的连续性为例,假设准确的命题是,空间实际上由一系列点组成,它们之间的间隔没有任何意义,这些点是按照一个立方点阵排列的,那么我们可以立即证明这是错误的,它根本行不通。问题不仅仅是说某件事可能是错误的,而是要用什么东西去代替它——而这可不容易。一旦有任何真正明确的可供替代的想法,几乎马上就能看出来它是行不通的。

第二个困难是这种简单类型的可能性有无数种,就像下面这个故事。你正坐在那里苦苦尝试打开一个保险箱,你已经干了很久。这时张三走过来,他只知道你正在试着打开保险箱,对于其他一无所知。于是他说,"为什么你不试一试 10-20-30 这一组密码呢?"因为你很忙,你已经尝试过很多了,也许你已经试过了 10-0-30 这一组;也许你已经知道了中间那个数字是 32 而不是 20;也许你知道事实上密码是五位数字……所以请不要写信给我,试图告诉我如何如何做某事。我阅读这些信件——为了确认这些建议我都考虑过了,我总会读这些信——但写回信太耗时了,因为它们常常都是"试一试 10-20-30"这一类的废话。像往常一样,自然界的想象力远超我们,我们已经从其他各种微妙深奥的理论中看到了这一点。要得到这样一种微妙深奥的猜想并不容易。必须是真正聪明的人才能做到这一点,盲目使用机器是不可能做到的。

我现在想要讨论猜测自然定律的艺术。这是一门艺术。我们怎么做呢？你可能会建议用一种方法，那就是回顾历史，看看别人是怎样做的。那么我们就来看看历史吧。

我们必须从牛顿开始。他面临着知识不完整的情况，但他能把与实验结果相对接近的想法结合在一起，进而猜测定律；观察与实验结果之间的差距并不大。这是第一种方法，但如今这种方法不太能行得通了。

接下来做出伟大贡献的是麦克斯韦，他发现了电磁学的诸多定律。他是这样做的：他汇集了法拉第和其他前辈所提出的所有电学定律，审视这些定律后，他意识到它们在数学上是不一致的。为了解决这个问题，他不得不在一个方程中添加了一个项。他通过发明了一种有一些惰轮和齿轮等的机械模型来做到这一点。他发现了新定律——但没有人理睬他，因为人们都不相信那些惰轮。我们今天也不相信那些惰轮，但他得到的方程却是正确的。所以，推导的逻辑可以是错误的，但答案却仍有可能正确。

在涉及相对论的情况下，发现定律的模式则完全不同。这时候已经累积了一些悖论，已知的定律给出不一致的结果。这是一种新的思维方式，一种基于讨论定律可能的对称性的思维方式。这尤其困难，因为人们第一次意识到，像牛顿定律这样的理论可能在很长一段时间内看似正确，但最终是错误的。同时，人们也很难接受如此符合直觉的、关于时间和空间的普通概念会出错。

量子力学是通过两种独立的方法发现的——这是一个教训。那时候的实验发现确实存在悖论，甚至是大量的悖论，这些悖论根本无法由已知定律以任何方式来解释。并不是那时候的知识不完善，而是知识太完善了。你的预言是某事应当发生——而实际上并没有。两种不同的解决方法之一是薛定谔 ① 猜出了方程，另一个是海森堡 ② 论证说你只需分析那些可测量的东西。这两种不同的哲学方法最终导致了相同的发现。

最近，我发现了我之前提到的弱衰变定律，即当中子衰变成质子、电子和反中微子时所遵循的定律（这些过程目前仍只被部分了解），这构成了一个有所不同的情况。这一次，我们面对的是知识的不完整性，仅仅猜测出了方程式。而特别困难的一点是所有的实验都是错误的。如果你计算出的结果与实验不符，你怎么猜测正确的答案呢？你必须有勇气说一定是实验做错了。我稍后会解释那种勇气从何而来。

今天我们没有什么悖论了——或许吧。当我们把所有定律结合起来时，会出现无限大的问题，但是那些将问题掩盖起来的人实在太聪明，以至于有时我们会觉得这不是什么大不了的问题。我们发现这些粒子的事实除了表明我们的知识仍不完善，没有告诉我们任何事情。我确信物理学的历史不会重复也不会重演我上面给出的那些例子。道理很简单，诸如"试试看对称性定律""将信息以数学形式表达"或者"猜测方程"等所有方案，都已经广为人知，并且早就试过了。当你束手无策的时候，答案不可能是上述方案当中的任何一个，因为你本来就尝试过这些方法了。下一次必定要有另一种方法。每一次我们都陷入太多麻烦和太多问题的僵局，因为我们使用的方法都是从前用过的。下一次的方案、新的发现，将以一种完全不同的方式进行。所以历史帮不了我们什么。

---

① 埃尔温·薛定谔（Erwin Schrödinger），1887—1961，奥地利理论物理学家，于 1933 年与保罗·狄拉克（Paul Dirac）共同获得诺贝尔物理学奖。

② 沃纳·卡尔·海森堡（Werner Karl Heisenberg），1901—1976，德国物理学家，量子力学主要创始人，诺贝尔物理学奖获得者。

我想简单谈谈海森堡的一个观点，即你不应该谈论无法测量的东西，因为许多人谈到这一观念时，并没有真正理解它的意思。你可以这样理解，你所做的构建或发明必须是这样一种类型：你计算出的结果要能够与实验结果相比较——也就是说，你的计算结果不能够像是"一个牟牟必须等于三个咕咕"那样的东西，因为谁也不知道"牟牟"或者"咕咕"是什么。这样明显不可取，我们需要的就是结果能够同实验结果比较。不过，猜想里有没有出现"牟牟"和"咕咕"这种东西其实并不要紧，只要推出的结果能够同实验结果比较，你就可以在猜想里放进任何你想说的"废话"。这一点总是没有得到充分的认识。人们常常抱怨我们把粒子和路径等概念没有根据地延伸到原子的领域。但是事实并非如此：这种拓展延伸并不是没有根据的。尽可能拓展我们已知的领域和想法——这是我们应该做、必须做、也一直在做的。这样做有危险吗？有的。会有不确定性吗？会的。但这是取得进步的唯一途径。虽然这样做充满不确定性，但这才能让科学发挥它的作用。如果科学只能告诉你刚刚发生的事情，那它就没有用；如果它能告诉你一些尚未进行的实验，那它才是有用的。必须拓展那些旧概念，超出它们已经被检验过的范围。例如，引力定律是为了理解行星运行而提出来的，假若牛顿只是说，"我现在了解行星了"，而且没有尝试去比较地球对月球的拉力，那引力定律就不会有多大的用处了，后人也不会说"也许维系星系的力就是引力"了。我们必须尝试往外拓展。你可以说，"当你达到星云那么大的尺度时，由于我们对它一无所知，那么任何事情都有可能发生。"我知道，但没有什么科学接受这种类型的限制。对星系不存在终极的理解。另一方面，如果你假设整个行为都只是受已知定律的支配的，那么这一非常局限和明确的假设很容易就会被实验推翻。我们要寻找的正是这种猜想，这种非常确定而且容易同实验进行比较的猜想。事实上，迄今为止我们了解到的星系的运行方式，看起来并不违反各种已知的定律。

我可以给你们举一个更有趣、也更重要的例子。也许对生物学进步贡献最大的一个单一假设是，每一种动物做的都是原子能做的，因此在生物世界里看得到的东西，都是物理现象和化学现象的结果，除此之外别无他物。你总可以说："当谈到生物体时，什么都有可能发生。"如果你接受这种说法，你就永远不会了解生物了。你很难相信章鱼触须的蠕动仅仅是许多原子依据一些已知的物理学定律到处乱闯的结果。但当采用这一假设进行研究时，我们可以做出一些猜想，很精确地说明它是怎么工作的。运用这种方法，我们在理解这些事情上取得了巨大的进展。迄今为止，章鱼触手还没有被切下来研究——因而还没有发现这个想法是不是错误的。

做出猜想并不是不科学的行为，尽管许多不在科学领域的人这样认为。几年前，我和一个外行人讨论过飞碟的话题——因为我是个科学家，所以我对飞碟了如指掌！我说："我认为没有飞碟"。因而我的对手就说："飞碟真的不可能存在吗？你能够证明它不可能存在吗？"我说："不，我没法证明它不可能存在。它只是非常靠不住。"他回应说："你真是太不科学了。如果你不能够证明它是不可能的，你怎么能说它是靠不住的呢？"但我所说的正是科学的方法。科学只是说什么更靠得住和什么更靠不住，而不是总能够证明可能和不可能。为了明确我的意思，我也许应当这样对他说，"听着，我的意思是，根据我对周围世界的知识，我认为飞碟的报告更有可能是地球上已知的非理性特征的产物，而不是未知的外星智慧理性引发的结果。"它仅仅是更靠得住，仅此而已。这是一个好的猜测。而我们总是尝试猜测最靠得住的解释，同时在心底牢记，如果它行不通，我们就必须讨论其他的可能性。

我们怎么能够猜得到要保留什么、抛弃什么呢？我们掌握了所有这些美妙的定律和已知的结果，但仍然处在某种困境之中；我们要么就得到无穷大，要么就无法得到足够的描述——我们缺失了某个部分，有时候那意味着我们要抛弃某种观念；至少在过去，总是发现一些根深蒂固的想法必须被抛弃。问题是，究竟该抛弃什么，保留什么？如果你把所有东西都抛弃，那就有点过分了，这样你就没什么可依靠的了。打个比方，能量守恒定律看起来是经得住考验的，并且它是那么美妙，我可不想把它丢掉。推断要抛弃什么和保留什么，需要高度的技巧。实际上这可能只是运气问题，但它看起来就像是运用了相当重要的技巧。

概率振幅非常奇怪，你首先会认为这些稀奇古怪的想法肯定是歪门邪道。然而，尽管量子力学中概率振幅的概念很奇怪，但从中推导出的一切，却在整个长长的奇异粒子列表中百分之百地有效。因此，我不觉得等我们发现世界的内在构成后，会认为这些想法是错误的。我相信这部分是正确的，但这只是我的猜测：我正在说的就是我的猜测过程。

另一方面，我相信"空间是连续的"这一理论是错误的。因为我们遇到了无穷大和其他困难，而且我们对于是什么决定了所有粒子的大小还留有疑问。我确实怀疑，将几何学的简单思想扩展到无限小的空间是错误的。当然，我只是在这里留下了一个空缺，并没有告诉你应该用什么来替代它。如果我确实做到了这一点，我就会以一条新的定律来结束这个讲座。

有些人利用所有原理的不一致性来宣称，自洽的世界只可能有一个。换句话说，如果我们把所有原理结合起来，并且加以精确的计算，我们不仅能够再次推导出这些原理，而且还会发现，要想事物保持和谐，这些是唯一可能存在的原理。在我看来，那像是一番大话。我听起来觉得像是本末倒置了。我相信，某些东西确实存在——不是那 50 种奇怪的粒子，而是少数几种像电子的小东西——那么，运用了所有的原理而得出的宏大的复杂世界，就可能是一种确定的结果。我不认为你能够从关于一致性的论证出发推导出整个世界。

我们的另一个问题是部分对称性的意义。这些对称性，比如中子和质子几乎是完全相同的，但其电学性质不同；以及反射对称性是完全成立的，除了一种反应之外，这一类说法非常恼人。事情几乎是对称的，但又不完全对称。现在关于这个问题有两个学派。一派说这其实很简单，它们实际上就是对称的，但有一点复杂的因素使它走了一点样。另一派观点只有一名代表，那就是我自己，我认为事情也许本来就是复杂的，只有通过分析复杂性才能变得简单。古希腊人相信行星的轨道是圆形的。但实际上它们的轨道是椭圆形的，并不是那么很对称，但也十分接近于圆。问题是，为什么它们非常接近于圆呢？为什么它们几乎是对称的呢？因为存在着一种长期的潮汐摩擦效应——这是一种非常复杂的观念。有可能在自然界的核心部分里，这些东西根本不对称，但在实际的复杂世界里，它看起来好像是对称的，因此椭圆看起来就差不多是圆了。这是另一种可能性，但谁也不知道对错，它仅仅是一种猜想。

假设你有 A 和 B 两个理论，它们在心理上看起来完全不同，包含的想法也不同，但是从每个理论计算出的所有结果完全相同，并且两者都与实验结果一致。尽管这两个理论一开始听起来不同，但它们所有的结果都是一样的，那么不难通过数学方法证明，从 A 和 B 的逻辑出发总会得出相对应的结果。假设我们有两个这样的理论，要如何确定哪一个是正确的？科学对此束手无策，因为两者都与实验结果同等相符。因而这两种理论，哪怕它们蕴含的观念和想法有很大不同，在数学上也有可能是等同的，这样一来就没有科学的方法可以区分它们。

然而，由于心理原因，在猜测新理论时，A、B可以不甚相同，因为一种理论带给人们的观念与另一种理论是不同的。当你把理论放到某种框架里，你就会生出要改变些什么的想法。例如，在理论A里谈到某种东西，你说："我要在这里把这个改动一下。"但结果你会发现，相对应的，在理论B里要改的东西可能非常复杂——它也许完全不是一个简单的观念。换句话说，虽然在改动之前两种理论是等价的，但还是有可能一个理论的变动很自然，但在另一个理论里就不那么自然。因此，在心理学上我们必须记住所有的理论，而且一位够格的理论物理学家对同一个物理学问题，要知道六七种不同的理论表达方式。他知道这些理论都是完全等价的，而且在这一水平上没有人能够判定哪个才是正确的。但他仍然把这些理论记在脑海中，希望它们可以在他进行猜想时提供一些不同的思路。

这让我想起了另一点，那就是当理论发生非常微小的变化时，该理论所涉及的哲学或思想可能会发生巨大的变化。例如，牛顿关于空间和时间的观点与实验结果非常吻合，但为了修正一点点水星轨道，理论特征需要的变化却是巨大的。原因是牛顿定律太过简单和完美，它们产生了确定的结果。为了得到稍微不同的结果，理论就要变得完全不同。在陈述一条新定律的时候，你不应该使一件本来完美的东西变得不完美，你必须拿出另一种完美的东西来。因此，牛顿的引力理论同爱因斯坦的引力理论在哲学观念上存在着极大的差别。

这些哲学是什么呢？它们实际上是快速计算结果的巧妙方法。它有时被称为对定律的理解，简单来说，就是一个人为了快速猜出结果，在心中理解、记忆定律的方式。有些人曾说过一段话，在麦克斯韦方程这样的情况里确实适用——"不要管什么哲学，不要在意诸如此类的东西，只需猜测方程即可。问题只在于计算出答案，使其与实验结果一致，关于方程的哲学、论证或文字都没必要。"这在某种意义上是对的，因为如果你只猜测方程，你就不会有偏见，猜测会更准确。但另一方面，哲学也许能帮助你进行猜想。因而其中的好坏确实很难说清楚。

对那些坚持说唯一重要的事只有理论要符合实验结果的人说来，我想要假设一场讨论，这场讨论发生在一位玛雅天文学家同他的学生之间。玛雅人那时候已经能够很精准地预测天文现象，例如日食、月食、月亮在天空中的位置，以及金星的位置等。一切都是靠算术算出来的。他们算出某个数目，再减去某些数目，等等。他们没有讨论过月亮是什么，他们甚至没有讨论过月亮在轨道上运行的概念，他们只是算出了日食和月食发生的时间以及满月时月亮何时升起，等等。假设有个年轻人去到天文学家那里说："我有个想法。也许这些东西是在轨道上转圈的，在那里有一些像岩石那样的球体，并且我们可以算出它们是如何以一种完全不同的方式运动，而不仅仅是算出它们什么时候出现在空中。"天文学家说："是的，那你能多准确地预测日食和月食呢？"他说："我还没有把这个想法推进得很远。"然后天文学家说："好吧，但我们能够计算出日食和月食，比你用你的模型算出来的精确度高得多，所以你不要再去考虑你的那个想法了，因为我们的数学方案明显要好得多。"当有人提出一个想法说，"让我们假设世界是这样的"，人们就很有可能问他："对这个问题你会得到什么答案呢？"他说："我还没有推进到那么远。"于是人们说："噢，我们已经发展了一种完善得多的方法，并且我们能够得出精确的答案。"因此，要不要顾及想法背后的哲学观念，也的确是一个问题。

当然，还有另一种工作的方式是去猜测新的原理。在爱因斯坦的引力理论中，在其他种种原理之上，他还猜测了一个原理，这一原理与"引力总是与质量成正比"相照应。这个原理如下：在一辆加速行进的车子上，你不能区分自己是不是处在引力场中。将这一原理附加到其他所有原理之上后，他就能够推出正确的引力定律。

上面简述了猜测的几种方式。现在我想谈谈关于最终结果的一些其他要点。首先，当我们完成了一切，我们就会有一个数学理论，通过它可以计算出所有结果，我们这时能做什么？我们能做的事可谓十分惊人。为了弄清原子在给定状况下的行为，我们制定一些规则，用符号写在纸上，把它们送进装有某种复杂开关电路的机器，计算出的结果就能够告诉我们原子的行为究竟如何！如果这些电路开关的方式就是原子的某种模型，如果我们设想在原子里面有哪些复杂的开关，那么我就能说我多少弄清了正在发生的事。通过数学来预测将要发生的事情是有可能的，这实在令人震惊。数学仅仅是遵循一些规则，它实际上与原始对象的行为没有任何关系。计算机中开关的开启和关闭与自然界中正在发生的事情完全不同。

在这种"提出猜想—计算结果—同实验比较来验证"的过程中，最重要的事情之一是要知道你什么时候是正确的。在你核对所有的结果之前，是有可能预先知道你什么时候是正确的。你可以通过它的美和简单性来识别真理。当你做出一个猜测，并且做了两三个小小的计算以确保它没有明显错误之时，通常就可以知道它是对的。如果你有一些经验，你会发现正确的答案十分明显，因为通常情况下输出是多于输入的。事实上，你的猜想实际上是十分简单的。如果你不能够立刻看出来它是错的，而且它比以前的理论更为简单，那么它就是对的。那些缺乏经验的、不切实际，以及诸如此类的人也会提出简单的猜想，但你能立刻看出来他们是错的，因而不必考虑。另外，一些缺乏经验的学生提出的猜想往往十分复杂，看起来好像都是正确的，但我知道那不对，因为结果表明，真理总是比你想象的更简单。我们需要的是想象，不过是穿着"紧身衣"的想象。也就是说，我们要发现一种新的世界观，它要能够同已知所有东西相符，但又在有些地方与预测不相符，否则就没有意思了。而在那些与预测不符的地方，它又必须同自然界相符合。如果你能够找出另一种世界观，它同已经观察到的所有事物都相符，但又在别的什么地方出现了不那么相符之处，那么你就做出了一项伟大的发现。这样的一个理论，它与所有已经被检查过的实验结果相符，但在其他某个范围内给出了不同的结果，哪怕这个不同结果最终与自然不符。我们几乎不可能找到这样的理论，但也并非完全不可能。诞生一个新想法极其困难，这需要超凡的想象力。

这场冒险的未来会怎样？最终会发生什么？我们正在猜测一条又一条新定律。那么到底我们要猜测多少条定律才算完呢？我不知道。我的某些同事说，我们的科学的基本方面会不断发展，但我以为肯定不会不断更新，比方说在一千年之内。这种情况不可能持续下去，否则我们就得发现越来越多的新定律。如果我们真的这样做，发现这么多层次，一个接一个的，那有多烦人啊。在我看来，将来可能发生的事情，要么是我们知道了所有的定律——也就是说，假使你有了足够的定律，你就能够计算出总是与实验相符的结果，那便是这场探索的终结——要么实验会越来越难做，越来越费钱，就算你了解了99.9%的现象，但仍然总是有某种刚刚发现的现象，它既难以测量，又与理论不相符；一旦得出了这一现象的解释，又总是会出现另一种类似的新现象，于是进步越来越慢，并且越来越没有意思了。那就是探索过程的另一种结束方式。不管怎么说，我想它总要以这一种或者那一种方式结束。

我们很幸运地生活在一个仍在继续发现的时代。这就像发现美洲——你只能发现它一次。如今这个时代，是我们正在发现自然的基本定律的时代，而这样的日子一去不复返。它是如此激动人心又令人赞叹，但这种兴奋终将消退。当然，未来肯定会有别的有趣的东西，像是对不同层次之间现象的联系的兴趣——诸如同生物学现象的联系等，如果谈到探险，那就有可能是探索其他星球。但无论如何，那些事和我们今天所做的都不再一样了。

还有一件事，如果最后一切都变得已知，或者它变得十分乏味，那么那种富于活力的哲学以及我先前谈到的对这些事情的细致关注将逐渐消失。那些总是置身于事外大发无聊议论的哲学家们将能够靠上前来。从前只需对他们说，"假如你们是对的，我们就能够猜出其余的所有定律了"就能让他们哑口无言。但是当所有的定律都已知的时候，哲学家们就会对这些定律给出一种所谓的"解释"。举个例子，总有关于为什么世界是三维的解释。因为世界只有一个，所以很难说那些解释是对是错，但如果一切都已知，就会有一个解释来说明为什么正确的理论是正确的。但这种解释被限制在一个框架中，这一类型的推理会阻止我们继续向前迈进，然而我们无法再因此批判它。这会带来一种观念上的失落，就好像发现一块乐土的伟大探险家，在看到旅行者蜂拥而至时所感到的失落一样。

在这个时代，人们正在体验一种巨大的乐趣，那就是猜测大自然在从未出现过的新情况下将如何运作。通过某个特定范围内的实验和信息，你可以猜测在从未有人探索过的领域将会发生什么。这和常规的探险略有不同，在探险活动里，对于已发现的领域掌握足够多的线索，有助于猜测从未发现过的领域会是什么样子。顺便一提，这些猜想常常与你们看到过的科学上的猜想相差甚远，因为后者是要进行大量思考的。

　　我们有可能从世界的一部分猜出其余部分如何运作，而大自然是如何让这一点实现的呢？这是一个非科学的问题：我不知道怎么回答，因此我会给出一个非科学的答案。我想那是因为大自然具有一种简单性，并因此具有一种极致的美。